U0278240

COMPLETE MUSHROOM BOOK

蘑菇园

静静地寻找菌子

[意] 安东尼奥·卡卢西奥 | 著

姚武斌 | 译

华夏出版社
HUAXIA PUBLISHING HOUSE

感谢我的狗狗简。简和我在一起生活了十三年，我在采摘野生菌的时候，都有它的陪伴。

目　录

一曲生命的赞歌

——序姚武斌译作《蘑菇园》

赵丽宏

很多年前，我刚刚大学毕业，在一家文学杂志当诗歌编辑，每天面对着大量来稿。来稿的水平是参差不齐的，很多是稚嫩的习作，也有显露才华的好文章。但能在我的记忆中留下深刻印记的文字，并不是很多。有一次，我收到一封信，信封里装得鼓鼓囊囊，拆开一看，竟是一个盲人从遥远的山区寄来的书稿。在一张张硬纸上，用针密密麻麻地刺着一行行我无法摸懂，更无法看懂的盲文。来稿的是一位盲人姑娘，她的父亲把她的信和诗翻译成文字写在白纸上。我直到现在仍然记得她用盲文写成诗句："黑暗属于我吗？不，它只属于死亡！活着，就会有光明，就会有一轮亮堂堂的太阳！"这些诗句，使我的心灵震撼。盲人姑娘用她的诗告诉世人：只要是有理想、有追求的人，无论如何都不会是怨天尤人的可怜虫。他们会把命运的缰绳紧紧地攥在自己的手中，即使他们失去了最珍贵的眼睛。

想起这样的往事，是因为看到了一本很特别的译著《蘑菇园》。这本书的译者，是一位"脑瘫"患者，他以超乎常人想象的毅力，完成了此书的翻译。这本书的诞生，是一曲生命的赞歌，是一个感人的励志故事，也是人间挚爱和亲情的结果。

译者姚武斌因病从小四肢畸形，行动不便，出门靠轮椅，但他不向命运屈服，克服巨大的困难，完成了学业，成为一个英语翻译者。在他成长的道路上，陪伴支持他的是他双腿残疾的母亲，是因为照顾他而中风卧床的父亲，还有一位把他当儿子一样关爱的范妈妈。其中的艰辛曲折和感人的经历，可以写一部长篇小说了。姚武斌用他的译著，向世人证明了自己的毅力和能力，一个"脑瘫"患者，也可以像常人一样，出色地完成一本书的翻译。世界上没有完人，也没有完美的事物，生活中常常能见到让人遗憾甚至苦痛的残缺。而生活中很多令人向往的境界，就是在不完美中创造美好，在看似残缺的状态下创造出丰富多彩的人生。我对"脑瘫"这个医学上的名词，一直有一种不认同感。何为脑瘫？如果大脑瘫痪，那就意味着失去了思维能力，失去了追寻理想不断前行的力量。而事实并非如此。姚武斌的人生经历，他的睿智和坚韧，正是对"脑瘫"意涵的一种有力的否定。

坐在轮椅上的姚武斌是不幸的，他无法驱赶病魔，使自己能像正常人一样快步如飞。但他又是幸运的，因为有那么多人爱他、关心他，为他的理想之道搭桥铺路。他的成功，不仅让人感叹生命的坚强，也向人们展示了人间到处存在的真善美。人群中从四面八方向姚武斌伸出的援手，传达的是人间大爱，是人性之美。

我衷心祝贺姚武斌的译著出版，也相信他不会满足于这个小小的成功。希望这本译著的出版，会成为他人生和事业的一个新起点，更为开阔宽广的道路，在前方等待他。

2018 年 10 月 26 日深夜于四步斋

引 言

意大利人在很小的时候，就和家人、朋友一起出去打猎，我也不例外。我第一次和家人一起打猎，寻找松露和别的野生菌，是在皮埃蒙特大区亚历山德里亚省的卡斯泰尔诺沃贝尔博镇，那时我才七岁。在跟菌类打了四十年交道之后，我写了我的第一本有关菌类的书，那已经是二十年前的事情了。

我正式开始研究菌物学，是在十岁。当时我住在伊夫雷亚自由镇，教我的是我父亲和亲朋好友。每次打猎回家，我总会带上各种各样的野生菌。对我们一家来说，采野生菌是一种快乐，吃野生菌也是一种快乐。

在寻遍了自由镇附近所有的山头之后，为了进一步研究野生菌，我去了维也纳。奥地利的土地也很肥沃，很适合野生菌的生长，人们对野生菌也比较了解。从此，我对野生菌的热情一发而不可收。我常常把采到的野生菌带给我的朋友吃。那时我们还是学生，并不是很有钱，而野生菌又不花一分钱。之后，我又搬到了德国汉堡，在那儿待了二十年，当时我已成了一个卖意大利酒的经销商。

一九七五年至今，我一直在英格兰生活。这里的地理环境适宜多种野生菌的生长，但是那里的人们却认为只有巫婆才会去采摘和食用野生菌，所以他们都不去采摘，导致这些野生菌大部分都腐烂了。虽然战后英国政府就出版了一本菌类的小册子，详细介绍在英格兰群岛能够采摘哪些可食用的菌类，但在当时的英国，吃菌的人真的很少。人们都认为野生菌不能吃，只有欧洲大陆人或菌物学家们才去采摘菌类，这一观点也传到了大多数说英语的国家（比如美国、加拿大、澳大利亚、新西兰等）。其他任何一个地方的人都不像欧洲大陆人那样，对菌类怀有如此高的热情。

其实，英国人并不是不懂菌。我到了英国之后，发现英国也陆续有一些菌书在出版。比如，已故的博学专家简·格里格逊的一本食谱，叫作《野生菌宴》；还有植物学家兼摄影师罗杰·菲利普斯写的一本菌书也很好，他还拍下了很多野生菌的照片。

近二十年来，人们可以在特色市场和熟食店里买到野生的和培植的菌类，在英国餐桌上菌类也成了一道不可多得的美味佳肴。而欧洲的其他国家则不同，他们与这些"自然的瑰宝"已经打了几千年的交道。比如说在古罗马，野生菌在宴会上是一道保留菜。在意大利、瑞典、波兰、南斯拉夫、德国和法国，野生菌也是人人喜爱的美味。在俄罗斯，每周六早晨都有很多人乘一班从莫斯科开出的野生菌专车，去寻找野生菌，晚上返回时，每个人都带着满满的一篮野生菌。

在欧洲，市场里也可以买到野生菌。这些野生菌都是农民们采摘下来的，经过机构检验，可以放心食用。但是，这些地方的人即使非常了解菌类，也仍然有食用菌类后死亡的情况发生。因为他们对菌类太过狂热，在吃之前并未检验。因此，在采摘菌菇时千万要小心，这一点我在本书中会反复强调。

不管你是什么阶层的人，都可能会迷上野生菌。我的一个苏格兰朋友德鲁·麦克弗逊，在苏格兰卖野生菌。由于饭店常常需要用野生菌来做菜，导致野生菌供不应求，德鲁必须从全世界进野生菌。就是靠卖这些野生菌，二十年之后，他拥有了一家价值数百万英镑的企业。超市里还有人工培育的蘑菇出售，它们的质量丝毫不亚于野生菌。

一九八一年，我开了一家饭店，经常需要用野生菌来做菜，所以我常常会在下午采摘野生菌，晚上再把这些野生菌做成一道道好吃的菜肴。我曾经在一家报纸上登了一则广告，这

家报纸的目标读者群是居住在英国的波兰侨民。我号召他们去采集野生菌，结果饭店里很快就来了一群波兰人，每个人的篮子里都有很多野生菌。于是，我们就成了合作伙伴，也赚了很多钱。我还有一个供货商，是意大利人，名字叫詹纳罗。我店里的野生菌都由他采摘、清洗、储存。现在，詹纳罗开了一家自己的饭店，经营得很好，我也很为他高兴。

我的第一本关于野生菌的书是在二十年前写的，因为我热衷于研究菌物学，所以每次再版的时候，我都会给这本书做出一定的修改和补充。我还给这本书取了一个副标题，叫作"静静地寻找菌子"，这个副标题是米哈依尔·戈尔巴乔夫想到的。戈尔巴乔夫先生也是一位菌物爱好者，有一次，他来我饭店里吃饭的时候，我把这本书给了他的私人秘书。之后，他给我写了一封感谢信，信里面就提到了"静静地寻找菌子"这个说法。在俄罗斯，"静静地寻找菌子"指的是在森林里寻找野生菌。

这本书大体由两个部分组成，第一部分叫做"现场指导"，是介绍我喜欢的野生菌，有可食用的，也有不可食用的，结尾还讨论了东方和西方的培植菌，它们在世界的很多地方都非常受欢迎，越来越多的人用它们来做菜。第二部分是菜谱，除了意大利的菌类菜谱之外，我还从全世界收集了一百多种菌类菜谱。

我在英国住了许多年，对野生菌的热情始终不减，我还要把采摘野生菌的快乐与别人一

起分享呢。至今依然有不少野生菌爱好者，聚集在我的尼尔街饭店，现在有好几家卡卢西奥咖啡店加盟，那儿也售卖美味的菌类特色菜。现在，几乎没有人不知道野生菌（至少在伦敦是如此），大概是这本菌书的功劳吧！

最后，我还要感谢我的狗狗简。简和我在一起生活了十三年，我在采摘野生菌的时候，都有它的陪伴，让我不觉得孤单。

第一部分 现场指导

野生菌

真菌世界浩瀚而神奇，从肉眼看不见的微生物到具有十几甚至几十厘米长的高等级子实体（比如野生菌）。与其他植物不同，真菌中不含有其他植物赖以生存的叶绿素，因此真菌和其他植物获取养分的来源也大相径庭。大多数的植物通过叶绿素和它的光合作用，从太阳中获取养分。而真菌则从有机体中获取养分，这些有机体包括动物和植物，它们可能是活体，可能正在腐烂，也可能是尸体。

说实话，假如离开了真菌，自然界中的许多环节会变得异常艰难。许多种类的真菌在分解尸体和降解的过程中发挥着至关重要的作用。这种清理过程给泥土提供了养料，为新的植物提供了生息之所，更为真菌的后代提供了栖息之地。相反的，有些真菌是寄生性的，它们会攻击植物（比如树木），甚至将其杀死。那个摧毁了无数美丽树林的荷兰榆树病，正是由某些甲虫携带的叫作"榆枯萎病菌"的极其微小的真菌所引起的。

还有一些真菌，或者对抗病治病有着积极的作用，或者是不可多得的美味佳肴。就拿抗病治病来说吧，中国人早在几千年前就认识到真菌的药用价值了。有一些真菌，已经变成了救人性命的抗生素，变成了青霉素。闻名几百年的麦角菌，它在中世纪是臭名昭著的，因为它不知祸害了多少农作物，也不知让多少人中了毒。十七世纪，美国塞伦镇的人们叫它"天火""恶魔"，现在它已经变成了医学上常用的LSD（麦角酸二乙基酰胺）。

食物的形成也离不开真菌。真菌，可以让糖分变成酒精，用来酿酒；酵母菌，可以让面粉发酵变成面包；有的霉菌用到奶酪里面就变成了世界著名的蓝奶酪；霉菌还可以用来发酵一些东方人吃的食物，比如说大豆。

菌类是什么?

在这本书里,我们讨论的不是肉眼不可见的微生物,而是那种高等级的野生菌。平时我们吃的野生菌,只是它的子实体部分。

野生菌的子实体是由很多菌丝构成的垫状结构。这些菌丝比头发丝还要细,肉眼是看不见的。这些菌丝会伸入土壤或落叶的内部,并从中吸取营养。当温度和湿度适宜时,很快就会产生一个新的子实体。

这种子实体,并不是为了好看,而是野生菌的生殖器官。在逐步成熟的过程中,子实体上会生长出成串成团的微小的孢子。当野生菌的子实体完全成熟后,孢子囊释放出孢子,借助风或其他方式扩散出去。一旦它们落到适宜的环境里,就会萌发,长成新的菌丝体,野生菌的生命周期由此开始。

野生菌的种类

野生菌的种类很多,有能吃的,也有不能吃的。几百年来,菌物学家给新发现的野生菌取了各种各样的名字,并把野生菌按特征分成了不同的种类。野生菌的学名,是用拉丁文名称来表示的,第一个名字是属名,如鹅膏菌属和牛肝菌属;第二个名字是种名,描述了这种野生菌的生物学特征,例如白橙盖鹅膏菌,也叫作恺撒蕈,是鹅膏菌中最好吃的;而豹斑鹅膏菌,菌盖上有豹子似的斑点,因而得名豹斑鹅膏菌,有剧毒;还有褶盖鹅膏菌,之所以叫这个名字,是因为菌肉呈红色。

来自世界各国的菌物学家,可能会给野生菌取各种不同的名字,结果有些野生菌有不止一个名字,非常容易让人混淆。在这本书中,我把野生菌最常用的名字写在最前面,其他名字写在后面。

当然,来自不同国家的人们,会给野生菌取一个俗名。比如说,白橙盖鹅膏菌在欧洲不同的国家,就有不同的名字,但都反映了这种野生菌"最明显"的特点;而褶盖鹅膏菌的英文名字,就叫作"胭脂菌"。

已故意大利菌物学家布鲁诺·切托,写了五本专业菌书,菌书上描述的野生菌多达 2147 种,每种野生菌都附有介绍和照片。此书仿照塞托的体例。

野生菌按营养方式来分,可以分为腐生菌、寄生菌和菌根菌。腐生菌是从死亡的有机体中获取营养,维持生命,例如死亡的大树,腐烂的圆木、树桩、松果核。寄生菌,例如:蜜环菌,靠有生命的植物来维持自己的生命,园艺家和植物学家把它看作是有害菌,因为它会置树木于死地。菌根菌则与某些树木的根形成共生关系(也就是说,它们相互依赖,彼此有利)。它们从树根中得到水分和养料,同时把树木生长所必需的化学元素(如氮、磷)给了它们,而树木本身并不能直接合成这些元素。牛肝菌、红菇、鹅膏菌以及备受关注的松露和松茸都是菌根菌。很多腐生菌和寄生菌可以人工培育,但是菌根菌就很难人工培育,也许是由于这个原因,这些野生菌很罕见,所以异常珍贵,价格也高得出奇!

野生菌还可以根据它们的生殖方式,分成子囊菌和孢子菌。

子囊菌

子囊菌的孢子,是在孢子囊中产生

灰树花菌、鸿禧菇和白橙盖鹅膏菌在一起 ▶

孢子印

　　各种菌类的孢子都很小，形状和颜色各不相同。没有显微镜，你也可以看到全部孢子的颜色，只需把菌盖放在玻璃片上或纸上，静置几个小时后，孢子就会射出来，留下"孢子印"，肉眼清晰可辨。（你可以用一张半黑半白的纸，这样不管孢子印的颜色是深是浅，都能清晰地分辨出来。）孢子就像指纹一样，要准确鉴别菌子，孢子所包含的信息很重要。单个孢子的形状本身只有在显微镜下才能看到，"孢子印"的颜色，还有菌子的其他特征，有助于你正确命名你采集到的野生菌。

的，成熟的时候，孢子从子囊中射出。子囊菌的子实体，形状各有不同。在这本菌书里，我只给菌类爱好者介绍两种子囊菌：一种叫作羊肚菌、一种叫作松露，虽然价格昂贵，但它们的味道却令人垂涎欲滴。在这些美味面前，价格就显得微不足道了。

担子菌

　　在野生菌中，数量最多的还是担子菌。担子菌的孢子是在菌盖下面的菌褶或菌孔中产生的。孢子最后会落到地上，被风或雨水带到很远的地方。担子菌包含多种多样的野生菌，这些野生菌，上面的菌盖像雨伞一样，菌盖下面是菌柄。担子菌大致可以分为两类：菌褶菌和菌孔菌。

　　一、菌褶菌：菌褶菌的数量极多，大家熟悉的有伞菌、鹅膏菌、蜜环菌、鸡油菌、杯伞、丝膜菌、蜡蘑、乳菇、环柄菇、香蘑、侧耳、红菇和口蘑。它们的子实体多肉、凸起、菌柄生在中央，菌盖下面的菌褶呈辐射状。它的孢子产生在菌褶的表面。它们的菌褶和菌盖，颜色和形状各有不同，可以用来鉴别伞菌。有一些菌子还没有成熟时，会有菌托，成熟之后菌托就会破裂。有些菌子（如鹅膏菌）成熟之后，一部分菌托会变成薄片或鳞片状，留在菌盖上面。很多伞菌（如丝膜菌）在未成熟的时候还有菌纱，菌纱有保护菌褶的作用，子实体成熟后，菌纱就会破裂，变成菌环，环绕在菌柄上。

　　二、菌孔菌：包括牛肝菌、圆孢牛肝菌、疣柄牛肝菌、乳牛肝菌和粉孢牛肝菌等。它们的子实体多肉、凸起、菌柄生在中央。与菌褶菌不同的是，菌孔菌没有菌褶，只有小管子。在菌子还未成熟的时候，这些小管子是看不见的，但是菌子长大后，这些小管子就可以看得很清楚，它们排列十分紧密，里面长有菌类的生殖细胞——孢子。菌孔的疏密、颜色因菌而异，没有两种菌子是完全相同的。即使是同一种菌子（如牛肝菌），菌孔的疏密和颜色也是不一样的。牛肝菌小时候，菌孔往往是乳白色的，长大一些，菌孔会变成淡黄色或淡绿色，还有些菌子的菌孔呈淡红色。摩擦菌子也可以鉴别种类，特别是某些菌子在摩擦之后会变成蓝色或黑色。

　　三、其他菌：还有些可以食用的担子菌，比较难于归类。比如说猴头菇，它没有菌褶，也没有菌孔，只有长长的刺儿，从菌盖下面垂下来。檐状菌生长在木头上，和牛肝菌一样，也有菌孔，但样子和牛肝菌不一样，质地有些像木头或皮革，菌盖像风扇或贝壳一样。肝色牛排菌和硫磺菌即属此类，可食用。马勃的孢子生在内部，当子实体成熟后，一下雨，这些孢子就会射出来。奇怪的是，它也是担子菌，但是被称为腹菌。

顽皮的栎树疣柄牛肝菌

野生菌的鉴别和鉴定

　　要鉴别和鉴定野生菌，你必须观察它的一些物理性质，比如形状、颜色、结构和气味，还有生长环境。幸运的是，野生菌的子实体清晰可见，很容易鉴别。如果你不看这本菌书的话，鉴定野生菌就会有困难。最好的办法是询问一位专家，专家会详细地告诉你，你要吃的野生菌属于什么野生菌。这位专家上哪儿去找呢？如果你参加一个当地的博物学家或专业的菌物学家的社团，你就能找到。

　　菌物学家对各种野生菌的分类，至今尚未取得一致的意见，所以不同的菌书上，同一种野生菌的名字往往是不一样的。为了鉴定野生菌，我建议你买几本菌书，菌书上会给出不同野生菌的名字、描述和插图，会对你很有帮助哦！

开始鉴定之前，最好看一看野生菌的不同特征，和菌书上的详细描述做个对照比较。如果你要把野生菌带回家去鉴定，就要把整个野生菌（包括菌盖、菌褶和菌柄）都采集起来，未成熟的和大的野生菌都要采集，比较一下它们的生长环境。记得要把它们包在蜡纸里，并与那些你想要吃的东西隔离开来。

再和你们说说，需要检验的项目有哪些。

一、菌盖：测量一下菌盖的直径，记录下它的形状、颜色和表面，是光亮的，还是鳞片状的。

二、菌褶和菌孔：看一看野生菌是否长有菌褶或菌孔，记录下它们的颜色，与菌柄怎样连接，用手碰后是否会变色。

三、菌柄：测量一下菌柄的高度和粗细，记录下它的颜色，看一看菌柄上是菌环、菌纱，还是菌托。

四、菌肉：观察一下菌肉的颜色和层次。看看它会不会渗出汁液，闻起来有什么气味。对于大多数野生菌来说，你还可以尝尝味道，并随即吐去，用水漱口（有些野生菌，像鬼笔鹅膏菌，有毒，是不能尝它的味道的）。

五、生长地点：很多食用菌对生长环境和寄主都有要求，它的生长环境就是鉴定野生菌的关键。有些野生菌长在活的树木或腐烂的木头上，有些野生菌长在土壤或粪便里。些野生菌会和特定的乔木或灌木形成共生关系，可能是与一种树共生，也可能与几种树共生。

比如：厚环乳牛肝菌（即落叶松牛肝菌）与落叶松共生；疣柄牛肝菌则长在白桦树上；松乳菇和褐环乳牛肝菌是与松树共生（特别是欧洲赤松）；美味牛肝菌长在橡树、白桦树、山毛榉和松树上。春天第一个冒出来的是羊肚菌，羊肚菌主要生长在阔叶林里，但也可以生长在杨树下面、花园里、果园里、荒地上，甚至焚烧过的地面上。如果你认识这些树木，就能帮助你认识野生菌。大多数野生菌都长在潮湿和阴凉的地方，但是菌菇和马勃却能生长在旷野里、草地上。一般来说，大多数的野生菌都能生长在土壤中，这种土壤必须富含腐殖质，不能太泥泞，不能长满过厚、过高的野草。

六、生长季节：野生菌的生长季节因种类而异。几种食用菌（包括羊肚菌和黄皮口蘑）出现在春天，但大多数食用菌都生长在夏末到秋季，还有些食用菌出现在初霜之后。只要温度、湿度合适，就能生长出大量的子实体。所以，当下了一场雨之后，天气温暖时，野生菌就能生长。美味牛肝菌的子实体，如果土壤潮湿，温度在 18℃~25℃，四五天内就能长大。如果别人没有捷足先登，你可以大致知道什么时候能够回到老地方去采野生菌。正是由于这个原因，我常常周三出去采野生菌。许多人都是周末出去采野生菌的，还常常去几乎没有野生菌的地方采。到周三时，经常有大量野生菌长出来，到了周末，小的野生菌已经长大，可以采摘了。

拐杖

如果你很喜欢采摘野生菌，一根简易的直拐杖（顶上带一个叉形）就很好用。叉子尤为重要，不仅可以把大拇指放在上面，而且当蛇来的时候，你可以用它来保护自己，还可以把落叶堆或蕨类翻开，下面可能会藏着一个新的菌子。

榛木手杖很直，侧枝很少。把大拇指放在叉子里，就可以看出高度是否合适——你的前臂必须放平，呈九十度。如果太长，就把根部剪去。然后你可以像第8页照片所示的那样装饰拐杖。装饰拐杖，已成了我的主要爱好，非常有趣哦！

对采到的菌子仔细清洗和分类

采摘野生菌

每一年，我总是像小孩子似的，焦急地盼望着野生菌季节的到来。虽然我对采摘野生菌有一定的经验，但是由于我采摘得比较早，采到的野生菌并不是很多，甚至颗粒无收。回来的时候，手里拿的往往不是野生菌，而是新的拐杖。我常常在拐杖上刻字、装饰。在野生菌的旺季，它们的长势简直太好了，而我总是急不可耐，我到的时候天还没亮，所以不得不在车里等一个来小时！

安东尼奥采摘野生菌的注意事项

采摘野生菌非常流行，一些采摘野生菌的人由于考虑不周，或者根本不知道如何采摘，往往会破坏野生菌的生长环境。为了避免这种状况，大多数国家都制定了一套规则。在法国、意大利、瑞士和其他大多数欧洲国家，采摘野生菌是受法律限制的：当地的农民为了维持生计，随时随地都可以采，但是如果你不是当地人，平时就不能采集野生菌，只可以在周末采集，并且要严格地遵守规则（如果不遵守的话，就要严厉地罚款，情节严重的还要进监狱）。在欧洲，只有英国不流行采摘野生菌，我希望英国人在看到这本菌书时，也能对采摘野生菌产生一定的兴趣。

我更希望这些新规则能传播到欧洲之外，因为它们对保护野生菌及其生长环境有一定的帮助。同时，我也制定了自己的一套规则，不仅我自己按照这套规则来采摘野生菌，我还邀请其他野生菌爱好者也来遵守。

一、开始采摘以前，必须对野生菌及其生长环境有一定的了解。你可以咨询专家，也可以参加当地菌物社团组织的活动。

二、最好和别人一起去，并互相保持联系。如果有位专家陪同的话，那就再好不过了。

三、带上以下工具：

• 一个柳条或金属丝编织的篮子：能安全运输野生菌，走路时有助于孢子的扩散。

• 野生菌刀：用来清洁野生菌的菌柄，以防野生菌沾上灰尘，污染了篮子里的其他野生菌。在意大利有一种特殊的刀，刀刃是弯曲的，内藏一把刷子。

• 合适的靴子。

• 一些饮用水、食物、卫生纸。

• 一根手杖。

四、遵守当地的规则。每个国家（包括英国）都有自己的一套规则。

五、当你要进入私人领地或偏僻地方的时候，要得到土地拥有者、受托机构或主管团体的允许，向他们说明你的来意。

六、保护环境，你才会感到快乐。所以你考虑得要周到一点，比如，看到有垃圾，你就顺手把它们带回家。

七、当在大森林里采摘时，一定要记住如何走出森林。在卡拉布里亚区，就有人在森林里迷了路，失踪了，这种事情发生了不止一次。

八、只能采集你认识的野生菌，

对于不认识的野生菌，千万不要去尝试。

九、采集的量够你食用即可，除非你采到一个巨大的野生菌，并且想保存它。

十、不要毁掉任何你不认识的野生菌，即使是你认为很丑陋或有毒的野生菌，也不要去破坏它，否则就会破坏生态平衡。

十一、如果你要鉴定野生菌，一次只带几个标本，再找本有详细、科学的现场指导的菌书进行比对。

十二、当陌生人送你野生菌作为礼物时，千万别收。

十三、只能采集成熟野生菌，让幼小的野生菌长大，很老的野生菌腐烂后会回归自然。

十四、不要用塑料袋或密闭的容器，因为这样野生菌会变质，里面的蛋白质也会变性。它们会渗出水来，并且容易沾染细菌。

十五、下雨时或雨刚刚停时，不要采摘野生菌。因为它们会吸收很多水分，变得乱七八糟，烹饪的时候也会渗出水来。

十六、根据野生菌的种类，和我这本菌书上写的注意事项采摘野生菌。尽量不要把野生菌从地上硬拔下来，以免损伤孢子囊。

最后，在采摘野生菌的时候，千万要小心，如果你过分自信，你吃到的可能就是一顿"最后的晚餐"哦！

最后再给大家几点提示

在你寻找野生菌时，一定要记下路标。

一旦你找到了一个好地方，就在你的地图上记一下，以便下个野生菌季节能再次找到这个地方。因为野生菌的菌丝体能生长很长时间，野生菌每年都会在同一个地方生长。

寻找的时候一定要仔细观察，如果你看到牛肝菌的菌盖散布在各处，就说明附近可能有牛肝菌生长。

找野生菌的时候，不能只看地上，还要向上看，因为你可能会发现美丽的食用檐状菌。

当你认识了更多野生菌时，可以用它做路标。在看到美丽但有毒的毒蝇鹅膏菌时，一定要看仔细，因为牛肝菌的生长环境和毒蝇鹅膏菌相似，它是所有野生菌中最容易辨认的，也是最好吃的一种野生菌。

而且，不要把你的秘密和太多的朋友分享，以免他们都去采集。

最后祝你在采集野生菌时充满快乐！

野生菌的可食性

有的野生菌味道很好，还有的野生菌毒性很大。就因为有这些毒菌，我们对食用菌更加心存感激。有六种毒菌是致命的，其余的毒菌不致命，但仍能导致一些不适症状。

对每种野生菌，我加了一两个字，用来描述它的可食性。

食用菌分为以下几个级别：

优秀：这种野生菌在全世界被认为质量最好。

很好：菌盖很好吃，但菌柄则不能吃。

较好：这种野生菌的口感因人而异。

能吃：很多野生菌含有毒素，但这毒素在加热后会分解消失，所以它们不能生吃，煮熟后才能放心食用。

不能吃的野生菌也分为以下几个级别：

不能吃：这种野生菌很难闻，还有股苦味，但是只会影响菜肴的味道，并不一定有毒。

有毒：野生菌可以在体内产生强烈的毒素，这些毒素可以长时间地在体内累积。

剧毒：这种野生菌在一定条件下，会使人中毒，中毒的症状可能立即出现，也可能在四小时内出现，如果及时治疗，中毒症状是可以消失的。

致命毒：这些野生菌有剧毒，误食会致死，症状会在十几个小时后出现，引起全身重要器官（如肝脏等）的衰竭，没有相应的解毒物质。

如果你吃到有毒的野生菌，有可能会出现胃痛、头晕、出汗的症状。这时要尽快治疗，最好把吃到的野生菌样品保存下来，以便鉴定出毒素。

要避免中毒，请牢记一个基本原则：只吃经过鉴定的无毒野生菌。

四孢蘑菇

伞菌是很常见的野生菌，种类繁多。一般认为，所有我们熟悉的、人工培育的蘑菇都是由双孢蘑菇培育出来的。

不是专家的话，很可能会采摘到有毒的黄斑蘑菇。黄斑蘑菇的生长环境与四孢蘑菇相似，能够生长在田野、牧场上，也能够长在灌木丛和花园里。黄斑蘑菇的菌柄和菌盖上有黄色的斑点，这些斑点集中在菌柄的基部，摩擦后呈深黄色。如果你发现这样的野生菌，千万别去采它。除此之外，有一些野生菌，样子和四孢蘑菇相似，但是菌柄是白色的，也不要去采摘，因为这些野生菌可能是剧毒的白毒鹅膏菌或鳞柄白鹅膏菌。

有一种伞菌，叫作大紫蘑菇，味道很鲜美，但很少见。

形态特征

菌盖： 最初呈圆形，紧紧依附在菌柄上面，之后变凸，直径可达到 10 厘米。白色到乳白色或褐色。

菌褶： 离生，呈粉红色，成熟时变为深褐色，孢子印呈紫褐色。

菌柄： 较短粗，直径 1 ~ 2 厘米，高 3 ~ 8 厘米，菌环呈褶边状，不明显。

四孢蘑菇

大多数人都能辨认出四孢蘑菇，可以放心地采摘和食用，这一点令我高兴。湿热的夏季，在施过肥的牧场里，经常能够找到四孢蘑菇和田野蘑菇。还有一些野生菌，如大肥蘑菇、大孢蘑菇、

双孢蘑菇，它们的生长环境与四孢蘑菇相似。另有一种人工培育的小蘑菇，叫作"食用香菇"，可以在超市或食品杂货店里买到。

很多人自称对野生菌懂得很多，并且认为所有的野生蘑菇都能吃（只有一种是有毒的，不能吃）。这令我担心。因为，如果你

四孢蘑菇

大孢蘑菇

菌肉：白色，摩擦后呈现粉红色，味道鲜美。

生长地点：施过肥的牧场，有时在花园里或公园里。蘑菇经常是单生或群生的，有时它们会形成蘑菇圈。

生长季节：初夏到深秋，特别是湿热的生长季节。

田野蘑菇

辨别方法：田野蘑菇和四孢蘑菇的区别是：它的菌盖比四孢蘑菇大而壮实，直径可以达到20厘米，边缘呈现淡黄色，成熟后为肉质。菌柄的高度可以达到10厘米，成熟的菌柄中间是空的。菌环明显，像齿轮一样。菌褶和孢子印都和四孢蘑菇相似。菌肉有茴香的气味。田野蘑菇成熟后，经常会生蛆，而四孢蘑菇是不生蛆的。它常常于马厩附近和小路上单生，生长季节和四孢蘑菇一样。注意不要和黄斑蘑菇混淆，黄斑蘑菇的菌盖触摸后呈黄色。

大肥蘑菇

大肥蘑菇的菌盖直径可达到6～12厘米，白色，边缘内卷，菌肉有杏仁的气味。菌褶呈粉红色到深巧克力色，孢子印呈深巧克力色。菌柄长8厘米，白色，菌环双层。它们经常散生于非常硬的地面上，有时会侵蚀沥青碎石路面，甚至抬高铺路板，所以又叫作路面蘑菇。它们偶尔会生长在沙质或施过肥的土壤中，也会长在路边的人行道上，这时它可能会吸收污染物。生长季节在晚春到秋天。大肥蘑菇很好吃。注意不要和鹅膏菌（如白毒鹅膏菌、鳞柄白鹅膏菌和鬼笔鹅膏菌）混淆，鹅膏菌的菌褶呈白色。

双孢蘑菇

双孢蘑菇是一种常见的野生菌。它的菌盖直径为5～10厘米，有棕色到红褐色的纤维。菌柄长达6厘米，近圆柱形，白色。菌褶初呈粉红色，后变红棕色。孢子印呈褐色。常生长在粪堆和

田野蘑菇

花园的垃圾中，路边也有，但草地上很少见到双孢蘑菇。生长季节是从晚春到深秋。注意，不要和鹅膏菌混淆。在英国市场上看到的是人工培育的双孢蘑菇。

如何采摘、清洗和烹饪

伞菌的菌柄要用尖刀切去，但不需要剥皮，只需要擦洗干净即可。整个伞菌都可以食用，但是有些伞菌的菌柄很老，肉也不多，这时就不要了。

很多人都认为伞菌是唯一能食用的野生菌，所以全世界的菜谱中自然都会有伞菌。它们可以做沙拉或汤，也可以炖着吃、烤着吃或炒着吃，还可以油炸，或做成蘑菇泥，腌渍后还可以用作开胃小菜。不建议冷冻或冻干。全年都可以买到人工培育的双孢蘑菇，但野生的双孢蘑菇会更好吃一些。

黄斑蘑菇

黄斑蘑菇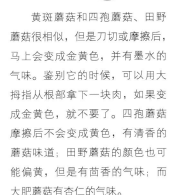

黄斑蘑菇和四孢蘑菇、田野蘑菇很相似，但是刀切或摩擦后，马上会变成金黄色，并有墨水的气味。鉴别它的时候，可以用大拇指从根部拿下一块肉，如果变成金黄色，就不要了。四孢蘑菇摩擦后不会变成黄色，有清香的蘑菇味道；田野蘑菇的颜色也可能偏黄，但是有茴香的气味；而大肥蘑菇有杏仁的气味。

黄斑蘑菇的毒性没有鬼笔鹅膏菌强，但吃了之后会让你很痛苦，并会导致严重的呼吸系统和胃肠道反应，表现为出冷汗、胃痛。如果立即就医，这些症状很快就会消失。奇怪的是，有些人完全不受影响。

形态特征

菌盖：刚长出来时呈球形，长大后变平，最大直径 15～16 厘米。呈暗白色，摩擦后呈黄色。

菌褶：淡红色到棕色，孢子印呈紫褐色。

菌柄：白色，伤后变成黄色，基部呈球状，直径 1～2 厘米，高 15～16 厘米。菌盖下部有明显的菌环或菌纱。常常会生蛆。

生长地点和季节：和食用伞菌完全相同。

在鹅膏菌里，有的菌菇味道鲜美，如白橙盖鹅膏菌、赤褐鹅膏菌和赭盖鹅膏菌；有的蘑菇毒性很大，比如鬼笔鹅膏菌、白毒鹅膏菌、毒蝇鹅膏菌、鳞柄白鹅膏菌和豹斑鹅膏菌。

白橙盖鹅膏菌

白橙盖鹅膏菌是用古罗马皇帝恺撒的名字来命名的。在欧洲，白橙盖鹅膏菌的名字都和这位古罗马皇帝有关：英国人、波兰人和德国人管它叫作恺撒蕈，法国人叫它帝国蕈。而意大利人则叫它椭圆菌，因为它很小的时候，大小和颜色像鸡蛋一样。即使是在地中海地区，这种蘑菇也是非常稀少的。它的味道非常鲜美，价格也很贵。用生的白橙盖鹅膏菌、生的美味牛肝菌，加上新鲜的阿尔巴白松露切片，可以做成一道美味的菜，这一直是我的最爱，每次享用后都意犹未尽、回味无穷。

迄今为止，这种鹅膏菌从未在英国出现。有些菌类爱好者，可能会宣称，自己是第一个找到这种鹅膏菌的。和豹斑鹅膏菌一样，白橙盖鹅膏菌是不常见的。

在鹅膏菌这一属里，有最好吃的野生菌，也有毒性最大的野生菌。好在这几种野生菌很容易鉴别，你不会把成熟的珍稀食用菌和毒菌（包括鬼笔鹅膏菌、毒蝇鹅膏菌、鳞柄白鹅膏菌、白毒鹅膏菌和豹斑鹅膏菌）混淆。

形态特征

菌盖：呈扁球形，中间凸起，颜色为深红色到橙红色，成熟后呈淡橙色，直径可达 20 厘米，边缘轻微破裂，露出黄色的菌褶。菌托呈鸡蛋形，长大后破裂，有时菌盖上仍然有菌托的痕迹。

菌褶：密生，极易破碎，深黄色。这种颜色是白橙盖鹅膏菌特有的，在欧洲，其他鹅膏菌的菌褶都不是黄色的。孢子印呈白色到淡黄色。

菌柄：直径 3 厘米，高 15 厘米，呈黄色，有黄色菌环。菌柄的基部隐藏在袋状的菌托中。

菌肉：菌盖下面的菌肉，呈橙黄色，菌柄处的菌肉变成白色，较厚，有香甜的野生菌味道。

生长地点：白橙盖鹅膏菌群生长在气候温暖的落叶林中，特

白橙盖鹅膏菌

白橙盖鹅膏菌

赭盖鹅膏菌

别是橡树林和栗树林中。在墨西哥会看到白橙盖鹅膏菌生长在松树下，呈小群生长。

生长季节：在意大利、法国和其他地中海南部的国家，初夏到十月初就是白橙盖鹅膏菌的生长季节（特别是在炎热的夏天过后）。

赭盖鹅膏菌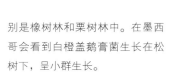

赭盖鹅膏菌和白橙盖鹅膏菌相似，唯一不同的是，它的菌柄和菌褶呈粉红色，所以叫作赭盖鹅膏菌。其他鹅膏菌的下面是纯

白色，只有白橙盖鹅膏菌的菌肉和菌褶是黄色的。它的菌盖直径为 5 ~ 15 厘米，呈棕色，带白点（退化了的菌托）。菌柄长 8 ~ 15 厘米，宽 1 ~ 3 厘米，呈圆柱形，老的菌柄中间是空心的。菌肉又白又嫩，但切面暴露在空气中时，会变成粉红色。没有特殊气味。孢子印呈白色。

赭盖鹅膏菌刚开伞的时候要小心，因为它和其他鹅膏菌一样，都呈鸡蛋形。只有当赭盖鹅膏菌完全开伞时，或切成两半时，才容易看出它和毒菌的差别。它的生长地点和白橙盖鹅膏菌相似，

但经常长在松树下，春天到秋天是它的生长季节。

赭盖鹅膏菌的另一个特点是刚长出来就容易生虫。当切的时候，可以看到里面有一个个小黑点，这就是虫子的头部。质量好的赭盖鹅膏菌，菌柄应该呈粉红色，内部的菌肉呈纯白色。

东欧人，包括俄罗斯人，特别喜欢这种鹅膏菌。它的味道并不是很鲜美，但是所有其他的野生菌都已采完时，这种鹅膏菌就能派上用场了。在吃之前必须煮熟，煮赭盖鹅膏菌用的水要倒掉。

赤褐鹅膏菌

赤褐鹅膏菌在鹅膏菌中数量极少，极为鲜美。它在混合林中单生，其生长地点和毒蝇鹅膏菌、豹斑鹅膏菌相似。它的菌盖直径是 4~10 厘米，呈淡红棕色，中心和边缘上有极薄的脊状突起。菌柄细长，呈白色，没有菌环。如果你是在它还没有开伞前采的，只能取菌盖。菌肉白色，松脆，很快就烧熟了，味道很鲜美，为了做一顿鲜美可口的饭菜，你要采很多赤褐鹅膏菌！它的生长季节是从夏天到秋天。

如何采摘、清洗和烹饪

用尖刀把赤褐鹅膏菌的菌盖切去，除了赤褐鹅膏菌以外的鹅膏菌，要切去的是菌柄部分。但

赤褐鹅膏菌

不要把菌盖上的皮剥去，必要时，擦干表面即可，并洗去菌褶上的污物。对于白橙盖鹅膏菌来说，如果是鸡蛋形的，就整个从地上拔起来，把菌托的第一层剪去。有些鹅膏菌比鸡蛋还要小，就不要采。检查菌柄上有没有生蛆：菌柄的基部可能会生蛆，可以切掉，但是上半部分一般不会生蛆。它们非常鲜美，容易变质，所以最好是一个篮子里放一种鹅膏菌。

因为白橙盖鹅膏菌非常稀少，所以我建议，未成熟的白橙盖鹅膏菌可以生吃，但你也可以炒着吃或炖着吃。其他两种食用鹅膏菌，一定要烧熟了吃。大的菌盖可以烤着吃，味道很鲜美，也可以和新鲜的意大利面一起烹饪。

白橙盖鹅膏菌可以在冰箱中保存一个星期不会变质，但是其余两种鹅膏菌，最好马上吃掉。

块鳞青鹅膏菌

很多人认为，块鳞青鹅膏菌是能吃的。但因为它很容易和豹斑鹅膏菌混淆，所以没有经过鉴定之前，尽量要避免食用。"块鳞青鹅膏菌"一字在拉丁文里的意思是"大的"或"巨大的"。

形态特征

菌盖：直径 10 ~ 15 厘米，深棕色到灰赭黄色，带灰色斑块。

菌褶：白色，密集，孢子印

块鳞青鹅膏菌

呈白色。

菌柄：长 12 厘米，白色带菌环，底部几乎呈球状。

菌肉：白色，硬实，有难闻的萝卜味道。

生长地点和季节：夏季到秋季，常常生长于阔叶林和针叶林中。

鬼笔鹅膏菌

在西方国家，鬼笔鹅膏菌不知让多少人中了毒。鬼笔鹅膏菌与本节中提到的所有的食用菌均无相似之处，但是我把它包括在内，因为你一不小心，就会把它和食用菌混在一起。它的孢子与其他野生菌接触后，其他野生菌也会变成毒菌，食用后会导致很严重的疾病。在这种情况下，你就要把它和食用菌一起扔掉。用手碰过鬼笔鹅膏菌后，也要彻底洗干净双手。这种鹅膏菌很危险，你实在不能碰，因为你伤不起。

经过多年的研究，中了鬼笔鹅膏菌的毒之后，没有任何特效解毒药。据不完全统计，食用后，毒素通过消化道进入，破坏肝脏和肾脏，但不会和其他废物一起排出体外，而是重新进入血液循环。食用这种菌菇 6～24 小时后出现症状，病人可能有一段假愈期，但很快就会出现肝衰竭和肾衰竭。幸运的是，它很少见，只能在混合林中找到它，大多是和橡树共生的。它的生长季节是从夏末到深秋。

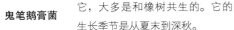

鬼笔鹅膏菌

警告：如你要研究它的菌褶结构和孢子，一定要在专家陪同下进行，否则不要碰它！

形态特征

菌盖：直径 12 厘米，起初为圆形，之后变扁平，呈淡绿色到橄榄色。有蛋形菌托，成熟后菌托留在菌柄表面。还有一种白色鬼笔鹅膏菌，浑身上下都是白色的，也是致命的。

菌褶：白色，有时稍显奶油色或淡绿色。

菌柄：高度可达 14 厘米，直径 1～2 厘米，菌盖的正下方有白色菌环，长大后呈现绿色。

生长地点和季节：它生长于落叶树林中，经常和栗树、榛树、橡树共生，但很少和针叶树共生，不长在田野上。它是单生的，偶尔两三成群生长。生长季节是八月到十月。

毒蝇鹅膏菌

毒蝇鹅膏菌是最有名的毒菌，几百年来，人们都把它作为毒菌的代表。全世界都有这种菌菇的记载。它的毒素会对中枢神经系统产生影响，致使中毒者出现中毒、幻觉、多动、昏迷等症状，甚至死亡。我听说，人们用它来引起幻觉，效果和摇头丸类似。因为食用之后会引起危险的副作用，因此要格外小心。

可能与它混淆的唯一一种可食用的菌类是白橙盖鹅膏菌。成熟的毒蝇鹅膏菌和白橙盖鹅膏菌，区别很明显，但是它的菌盖刚刚从蛋形的菌托中长出来的时候，就很容易和白橙盖鹅膏菌混淆，而且很危险。这时，可以横向切成两半，看看菌褶和菌肉的颜色。如果是白色的，就是毒蝇鹅膏菌，如果是黄色的，就是白橙盖鹅膏菌。

形态特征

菌盖：它可以长到 25 厘米高（高度包括菌盖），直径 20 厘米，

毒蝇鹅膏菌

毒蝇鹅膏菌

呈浅红色到纯红色，有斑点（菌托的残余部分），容易被雨水冲刷掉。大一点的菌盖可能呈现淡橙色，在美国也有一种毒蝇鹅膏菌，菌盖呈淡橙色。

菌褶：纯白色。

菌柄：纯白色，有菌托的痕迹，菌盖正下方有菌环，高度如上所述。

生长地点和季节：夏天到秋天，生长在混合林中，与白桦树和松树共生。常见。

豹斑鹅膏菌

豹斑鹅膏菌因菌盖上有黑色的斑点而得名，也是一种很危险的毒菌。和毒蝇鹅膏菌相同，它含有一种叫作甲基羟基异恶唑的物质，能使人产生眩晕、出汗、谵妄和多动等中毒症状，潜伏期是三十分钟到两个小时，病程可以长达两天。如果食用过量，可能会致命。

形态特征

菌盖：直径达 6 ~ 10 厘米，红棕色到奶白色，覆盖鳞片，纯白色，呈金字塔形。在美国，它的菌盖略呈黄色。

菌褶：纯白色，密生，长大后不变色。孢子印呈白色。

菌柄：长 8 厘米，呈白色，顶部变尖，有一个白色膜质菌环，基部呈球状，常裂成两三个菌环。

生长地点和季节：这是美国最常见的鹅膏菌，在英国和欧洲分布很广，但不常见。夏天到秋天，常见于落叶林和针叶林中。

白毒鹅膏菌

白毒鹅膏菌是一种致命的毒菌，很容易和伞菌混淆。它含有一种叫作鹅膏菌毒素的物质，会引起严重的上吐下泻症状，病程长达 12 ~ 24 小时，之后出现短暂的假愈期，但最终会导致肝衰竭和肾衰竭。症状在 8~12 小时之后出现，通常 4~8 天内死亡。

形态特征

菌盖：6~12 厘米，呈白色丝绸状，有时中心呈赭黄色。

菌褶：白色，密生。孢子印呈白色。

菌柄：长 12 厘米，白色，光滑，有膜质菌环和球状的菌托。

生长地点和季节：白毒鹅膏菌大多在秋季生长于阔叶林中，但有时也在春季生长，因而也叫作春生鹅膏菌。它一般在温暖的地区生长，英国则不常见。

鳞柄白鹅膏菌

鳞柄白鹅膏菌是一种美丽而致命的野生菌。我认为这种蘑菇比"鬼笔鹅膏菌"还危险，因为它的颜色是纯白色，可能会被初学者混淆为白色的食用菌。它的毒素和鬼笔鹅膏菌十分相似，同样需要注意。

鳞柄白鹅膏菌

形态特征

菌盖： 白色，直径可达 12 厘米。

菌褶： 密生，呈白色。孢子印呈白色。它和伞菌的区别在于，伞菌的菌褶呈粉红色，长大后变成棕色。

菌柄： 呈白色，表面呈纤维状，菌环易碎，高 12 厘米，直径 1~1.5 厘米。它群生于混合林或落叶林中。

生长地点和季节： 它的生长季节是夏末到秋季。不常见。

蜜环菌

八岁的时候，我父亲手下的一名铁路工人教我采摘蜜环菌。当地人管它叫作家庭菌，因为蜜环菌是丛生的，就像"家庭"一样。当地农民并不反对我去采摘蜜环菌，因为它们寄生在柳树的根部，如果不摘，它们就会杀死这棵树。每次，我总是怀着激动的心情，在树丛中采集，回来时带着满满一篮蜜环菌，感到很自豪，因为我不但救了这些树一命，而且也为家里的贮藏柜增添了不少食物。我母亲总是用它为我们做出一道道好吃的菜肴。

秋天，意大利和法国的市场上，总是可以买到蜜环菌，价格不是很贵。它旁边放着的牛肝菌、白橙盖鹅膏菌和松露，价格较贵。

蜜环菌的种类繁多，有的有毒，有的无毒。这里列出的是其中最常见的，食用的蜜环菌，吃之前要做熟。

蜜环菌（左为条状，上为块状）

蜜环菌因颜色而得名，而不是因气味或味道。蜜环菌是丛生的，菌盖紧贴在一起。它的菌根是黑色的，像鞋带一样，所以又叫作鞋带菌。和有毒的独生黄韧伞不同，它的菌褶是白色的，而独生黄韧伞的菌褶呈黄色或淡绿色。人工培育的香菇味道鲜美，是蜜环菌的远亲。

形态特征

菌盖： 3～20厘米不等，半球形到扁平，中央部位下凹。淡黄色到棕色、赭黄色，再到淡褐色，中心的颜色较深。未成熟的蜜环菌在中心有纤维状的鳞片。

菌褶： 白色，长大后变成乳白色，贴生或延生。孢子印呈乳白色。

菌柄： 较菌盖高，细长，直径1.5厘米，高达20厘米。未成熟的蜜环菌的菌柄呈白色，然后变黄色。菌盖正下方有黄色棉毛状"菌环"。

菌肉： 白色，有野生菌味道，但不一定好闻。味道微苦，带辛辣味。在水中焯一下后，气味和口味会有较大改善。

生长地点： 寄生在落叶树（主要是山毛榉、柳树、杨树、桑树）的根部，有时寄生在橄榄树的根部，也生长在树桩和树根处。

生长季节： 夏末到深秋。在英国，我常常在10月15日开始寻找蜜环菌，但它们的生长日期有时会早一些，有时会晚一些。

假蜜环菌

假蜜环菌和蜜环菌不同，它的菌柄上没有菌环。有些人说它的味道比蜜环菌苦。但是，它也可以做菜，当我找到的时候，决不会把它扔掉。它的菌盖直径4～8厘米，呈深褐色，有黑色棉毛状鳞片。菌褶最初呈白色，但是很快连菌柄一起变成红褐色。孢子印呈白色。菌柄长10厘米，宽8毫米。

假蜜环菌

假蜜环菌

茶树菇

假蜜环菌，夏末到初秋丛生在落叶树的根部（特别是橡树），也可以生长在死去的树木的根部。在英国不常见。

茶树菇

茶树菇在意大利已经闻名了几百年，特别是在南部。因为它常常生长在杨树的树根部，所以在意大利叫作杨树菇。在英国，它还生长在桑树、接骨木和榆树的根部。菌盖直径，最初为 1 厘米，可以长到 7 ~ 10 厘米不等。开始呈半圆形，成熟后变扁平形。未成熟的茶树菇的伞部呈深黑色，开伞后呈淡褐色，但中心仍然呈深褐色。菌褶小而密实，大菌褶之间还有小菌褶。菌褶呈白色，老时颜色变深呈淡褐色。菌柄多肉，实心，顶部有明显的菌环。菌柄很高，可达 15 厘米，直径 5 ~ 15 毫米。菌肉呈白色，有面粉的味道。它是丛生的，它的生长季节是从春天到秋天。目前，茶树菇已经可以人工培育了。

黄木芙蓉

黄木芙蓉是最好吃的一种野生菌，和蜜环菌很相似，菌盖直径 4~8 厘米，呈肉桂褐色，有污点，长大后或在干燥的天气中，自中心起呈赭黄色，两种颜色分界线明显。吸收很多水分。菌褶附着在菌柄上，密实，呈淡黄色，以后变成肉桂色。孢子印呈铁锈色。菌柄高 6 厘米，厚 3 毫米，有菌环，菌环下面有小鳞片，菌肉呈白色，有清香的气味。它丛生于树桩上，全年都可以生长，尤其在夏季。很常见。注意不要和独生黄韧伞混淆。

如何采摘、清洗和烹饪

蜜环菌很常见，如果你找到了它，你就会找到很多。当它们很小，紧紧长在一起的时候，就把丛生的菌盖和菌柄底部切去，因为菌柄很硬，不能吃。开伞或成熟时，就把菌盖切去，因为这时菌柄呈木质。如果上面有泥土，就清洗一下，并把菌柄切去。蜜环菌可以大量地采集。记住，所有的蜜环菌都是寄生菌，会对树木产生威胁。这一科的其他菌也是如此。

蜜环菌是我最喜欢吃的菌菇，可以和意大利面条一起烧着吃。它可以放在黄油中，和大蒜一起炒，也可以炖着吃，做汤吃，还可以和别的野生菌一起烧着吃。可以腌渍，用醋烹饪，用油保存，还可以放在坛子里与细菌隔绝。但不推荐冷冻或冻干（茶树菇除外）。

蜜环菌煮熟后，可以放心食用，但不要生吃，因为它生的时候有微毒。在高温下至少要焯五分钟，煮蜜环菌用的水要倒掉。

独生黄韧伞

独生黄韧伞因其颜色和生长方式而得名。医生们认为，这种毒菌可以导致肠胃不适，甚至死亡。还好，它有股苦味，人们一般不会去吃这种野生菌。

老树桩上的独生黄韧伞和蜜

独生黄韧伞

独生黄韧伞

翘鳞环锈伞

环菌的区别在于菌褶。蜜环菌的菌褶是白色的，而独生黄韧伞的菌褶是黄色的，长大后变成绿色。有很多野生菌和独生黄韧伞、蜜环菌相似，都丛生在木头上，现场指导会详细地描述那些野生菌的特性。

形态特征

菌盖： 成熟时为 8 厘米，黄色，中心呈橙黄色，有时边缘有菌纱残留。

菌褶： 最初为黄色，之后变成紫绿色，再到深紫褐色，和孢子的颜色相同。

菌柄： 细长，直径 4 ~ 10 毫米，小时候呈黄色，成熟时呈铁锈色。在菌柄的上部有不明显的菌环。

生长地点和季节： 丛生在老树桩上，特别是落叶树的腐木上，有时长在松木上。偶尔长在土壤里，但是实际上，它是长在地下的树桩或树根处。在花园里的木片上较常见。这种野生菌很常见，全年都可以生长，但在秋季是最常见的。

翘鳞环锈伞

这种毒菌能导致严重的肠胃

反应，一般在食入后半小时到两小时之内会发作。症状可持续长达两天。这种野生菌确实很好看，颜色非常鲜艳，菌肉也很明显。但是和生活中的许多事物一样，看野生菌的时候，不能光看外表。没有经过训练的人，可能会误认为它是蜜环菌。不要采摘它，但也不要破坏它，因为它很好看，能吸引昆虫。

形态特征

菌盖： 直径 10 ~ 15 厘米，肉质，呈赭黄色，边缘向上卷起，有红棕色的蓬松的鳞片。

木耳这一类的野生菌，种类不多，本节要讨论的黑木耳，全欧洲都能看到，在中国，它的培育时间最长，最受人喜爱。

菌褶：密集，起初呈淡黄色，成熟时呈肉桂色。孢子印呈铁锈色。菌柄长15厘米，宽1.5厘米。有鳞片，菌盖下面是膜质的菌环，菌盖上面是光滑的，呈现淡黄色。丛生于活树的树干上，生长季节在秋季。很常见。

黑木耳

黑木耳是一种非常奇怪的野生菌。虽然它是担子菌，但是它没有菌褶和菌孔，孢子是在菌子的表面上产生的。这种菌子的形状很像耳朵，通常生长在接骨木的树桩和树枝上，因而得名犹大木耳，传说犹大就是在接骨木上上吊自杀的。

中国人叫它"云耳"，因为它看上去像中国画中的云；也叫作"黑木耳"，因为它干燥后变成黑色，而且它很容易干。如果把它重新放回水中，它会吸收很多水分，形状和质地完全恢复。它的味道不如其他野生菌浓，所以烹饪价值不高。但是在中国和日本的菜谱中，它很受欢迎。它是最早人工培育的蘑菇——毛木耳的野生版。（见第73页）

形态特征

菌盖：无菌盖，形状呈扁形到长方形，就像人的耳朵，里面是一节一节的。它摸起来很软，几乎像膜一样，因为里面是胶质的。它的厚度可达几毫米，直径可以达到10厘米。没有菌褶和菌柄，颜色呈苍白色、深酒红色或棕色。

菌肉：呈胶质，外面的颜色是苍白到深棕色的，像天鹅绒一样，里面是软软的，潮湿的。它没有特殊的气味，但是有股铁质的气味，特别是刚刚采摘的时候。

生长地点：生长在死去的接骨木树枝上，有时丛生在榆树、悬铃木、秋槭上，一个挨着一个生长。

生长季节：如果湿度足够的话，一年四季都可以生长。

如何采摘、清洗、烹饪

黑木耳采摘后，可以马上使用或干燥后使用。用手把它整个从树枝上拿下来，然后剪去附着的硬东西。它刚刚从树枝上拿下来的时候，往往是干燥皱缩的，这时可以在水中浸泡几个小时，让它恢复成正常大小。用冷水洗，它新鲜的时候很少吸水，而干燥时吸水多。很少生蛆。

在家干燥时，过程很简单：检查有没有杂质或昆虫；把它放在手工编织的篮子中；完全晒干后，再放在棉袋或麻袋里，或放在一种容器中，让空气进入。在油里煎的时候要小心，因为它会爆炸，油会溅出来，甚至可能会烧起来。

我通常是把它做成高汤，然后和其他菌类一起炖着吃或做汤吃。可以把它切成长条，撒在沙拉上面，味道非常鲜美。

如果你不想自己采，也不想自己干燥的话，可以上中国食品店去买！把它们浸入水中泡30～40分钟！

有很多野生菌属于牛肝菌，其中包括美味牛肝菌，菌盖弯曲多肉，菌柄丰满。大部分牛肝菌都是能吃的，但有几种是有毒的，有一种是有剧毒的。

褐绒盖牛肝菌

褐绒盖牛肝菌

褐绒盖牛肝菌又叫作"栗色牛肝菌"，因为它的颜色像一匹栗色的马，干燥后像皮革一样。它和美味牛肝菌是近亲，但很常见，而且可以做很多鲜美的小菜。这种野生菌生长在气候温和的欧洲国家。我过去常常带上干的褐绒盖牛肝菌，回意大利老家去探亲。我母亲常常用它做出很多鲜美的小菜。

它长在树林中，尤其是在松树下，灌木很少的地方。有时，它会被松叶、雌球果和枯枝遮住，还会藏在蕨类植物的叶子下面，

所以很难找到。当这些叶子不太浓密时，可以用棍子拨到一边。有很多次，几只松鼠吃掉菌柄之后，把菌盖留在森林里，给我留下了线索。

我还清晰地记得，几年前《观察员》邀请保罗·勒维和罗杰·菲利普斯在布莱妮姆宫组织了一次采菌活动。活动结束后，我们采集了一大篮好吃的褐绒盖牛肝菌。采菌组走了之后，我把它放在黄油里，连同大蒜和欧芹一起炒，之后，已故的简·格里格森做了一个美味的苹果派给我们吃。这段经历令我难忘，弥足珍贵。

此外，还有另外两种牛肝菌和它是近亲，采摘和烹饪的方法也很相似。

菌盖：最初近乎球形，几乎和菌柄合生。未成熟的褐绒盖牛肝菌有天鹅绒般的深棕色光泽，湿时变得很光滑。成熟后，菌盖扁平，颜色变浅呈浅褐色，但摸起来像皮革。很老的褐绒盖牛

褐绒盖牛肝菌

肝菌的菌盖会稍有卷曲，特别是在边缘，露出菌孔。直径通常在12～14厘米之间，偶尔会更大一些。

菌孔：未成熟的褐绒盖牛肝菌的菌孔呈淡黄色，老时呈黄绿色。老的褐绒盖牛肝菌，菌孔明显，摩擦后呈蓝绿色。孢子印呈棕黄色。

红绒盖牛肝菌

菌柄：颜色通常比菌盖淡，有垂直条纹，呈圆柱形，有时底部渐细。

菌肉：硬实，呈乳白色到淡黄色。成熟的褐绒盖牛肝菌刀切后或用手碰时会变成蓝色。有浓厚的香味和香甜的蘑菇气味。

生长地点：单生于落叶林和针叶林的土壤中。

生长季节：夏末到深秋。最适宜的条件是雨后温暖的三四天。

红绒盖牛肝菌

这种牛肝菌最常见，但烹饪价值没有其他牛肝菌高。菌盖呈球形，然后呈不规则的凸起状，山形，直径3～8厘米，呈深棕色，并有红色条纹。菌孔最初呈现金黄色，然后呈黄绿色，孢子印呈橄榄褐色。菌柄呈红色，很粗，高达10厘米，粗达8～15毫米。当变老时，整只红绒盖牛肝菌都会吸水。菌肉呈黄白色，表皮呈红色。它有一股水果气味，略带甜味。它常见于松树林和落叶林中，也常见于公园里，在低地中比山中常见。未成熟的红绒盖牛肝菌很好吃，成熟时像海绵般松软，有弹性。红绒盖牛肝菌要和其他野生菌一起烧。

辣牛肝菌

这种牛肝菌是牛肝菌家族中最小的一种，实际上它是能吃的，但一定要做熟了吃。我认为，它只有和别的野生菌放在一起吃，才有浓浓的胡椒的味道。菌盖直径3～6厘米，呈浅黄橙色或铁锈色，半球形，有时呈胶状。菌肉呈柠檬黄色，菌孔中等大小，红铜色，比菌盖的颜色深。孢子印呈褐色到肉桂色。菌柄长3～6厘米，宽5毫米，与菌盖颜色相同。切的时候里面呈现浅黄色。常见于沙质土壤的针叶林中，但有时也可以和山毛榉、橡树共生，或丛生于树林、田野间，在欧洲常见，生长季节是从夏季到秋季。

如何采摘、清洗、烹饪

褐绒盖牛肝菌肉会变成蓝色，所以很多人不敢吃，认为它是有毒的，实际上，它是很好吃的，特别是在未成熟的时候，菌肉很厚，风味鲜美。记住，好的褐绒盖牛肝菌，菌盖下面的菌孔不太软，颜色也不会变成深绿色。牛肝菌一般不会生蛆，只有到老了可能会生蛆，用尖刀把菌柄基部切去。因为它的菌孔会吸水，如果有点脏的话，千万不要用水洗，只要擦一下就可以了。

褐绒盖牛肝菌可以在大部分欧洲国家的市场摊位上买到，做法和美味牛肝菌十分相似。未成熟的褐绒盖牛肝菌可以生吃，可以切成薄片，做成沙拉。它可以和鱼、肉一起烧着吃，也可以放在黄油里，和大蒜、欧芹一起炒。它可以腌渍或冷冻。干燥的褐绒盖牛肝菌味道很鲜美，可以用来做各种汤或沙司。这里列出的三种牛肝菌中，只有褐绒盖牛肝菌可以生吃。

在牛肝菌中，美味牛肝菌是最有代表性的，在全世界备受关注。

美味牛肝菌

美味牛肝菌是野生菌的代表，也是大部分欧洲人常常提到的一种野生菌。它在维多利亚女王时代非常流行。它的颜色就像烤好的面包一样，形状是圆的，因此那时英国人叫它小面包。它在不同的国家，俗名也不同，罗马人管美味牛肝菌叫"猪"，在现代意大利语里就叫"猪菌"。有人说，这是因为猪爱吃美味牛肝菌；也有人说，这是因为未成熟的美味牛肝菌看上去就像小猪一样。在德国，这种牛肝菌的俗名叫"石头菌"，在奥地利则叫"绅士菌"，在瑞典，它的名字听着很奇怪，叫作"国王菌"。

有一些菌类爱好者可能更喜欢羊肚菌，但是美味牛肝菌仍然是最安全、最好吃且最有食用价值的野生菌。它是野生菌中最受欢迎的，在市场上，可以买到鲜美味牛肝菌和干美味牛肝菌。因为它的味道鲜美，做法多种多样，世界著名的大厨用得最多，把它做成很多鲜美的小菜。

形态特征

菌盖： 起初呈半球形，成熟后呈扁平状，直径通常是 8 ~ 20 厘米，偶尔可能达到 30 厘米。表皮光滑，颜色从苍白色到暗褐色。

菌孔： 紧密，起初呈暗白色，之后变淡，老时呈深黄绿色，有清晰可见的管状结构。孢子印呈橄榄棕色。

菌柄： 它在未成熟的时候，菌柄和菌盖似乎是连在一起的，呈球形，长大后菌柄呈棒状，基部较宽，直径达 12.5 厘米。没有菌环。有时菌柄比菌盖大，还会生蛆。菌盖下面的菌柄呈淡棕色，到了菌柄基部，几乎呈白色，有白色的网纹覆盖。为了和小苦粉孢牛肝菌相区别，可以把一点菌肉或菌柄放在舌头上舔一下，如果是苦的，立刻扔掉。

菌肉： 菌盖上的菌肉呈暗白色，密实，摩擦后不变色。菌柄上的菌肉呈浅白色，老时变成木质，纤维化。香味浓厚（在气候温和的地方，美味牛肝菌的香味不如地中海地区浓烈）。它的味道非常香甜，有果仁的气味。这种野生菌可能被另一种菌攻击，气味和味道可能会发生改变。

生长地点： 在草地上或混合林附近，与松树、橡树、白桦树或榛子树共生。通常是单生的，有时是两三个成群一起生长的。它最常生长于高尔夫球场上，特别是被欧石南包围的球场上。我发现，美味牛肝菌也可以生长在纯沙地或土壤中，但不会离滋养它们的树根太远。

生长季节： 初夏到初霜季节。很多意大利人认为这种野生菌会出现在新月的时候，事实并非如此。

黑牛肝菌

许多意大利人认为黑牛肝菌

美味牛肝菌

美味牛肝菌

是最好吃的牛肝菌（比美味牛肝菌还要好吃）。它的学名在拉丁文里的意思是"青铜"，因为黑牛肝菌未成熟的时候，菌盖呈现深棕色，几乎像黑色。菌盖大而硬实，直径达 6~12 厘米，是凸起的，成熟时呈扁平状。菌盖呈深棕色，有浅色区域，表面有天鹅绒般的光泽，不太干燥。菌孔最初呈灰白色，成熟时呈黄色。孢子印呈橄榄褐色。菌柄长 7~15 厘米，宽 3~6 厘米，巨大、坚实，呈球状，长大以后变成长球形。菌柄的表面呈奶油色，有网纹。生长

在欧洲的中部到南部的落叶混合林中，但在英国极为少见。从五月到十月都是它的生长季节。

网纹牛肝菌

网纹牛肝菌的菌盖直径达 10 ～ 20 厘米，淡棕色，表面很粗糙，有网纹，成熟后或天气干

黑牛肝菌

燥时，这种网纹会更加明显，因而得名。菌孔白色到黄绿色，小而圆，孢子印呈橄榄色，老时呈现淡褐色。菌柄长 15 厘米，宽 2.5 厘米，纺锤形，红棕色，从菌盖到菌的基部都有白色的网纹。菌肉呈白色，有香甜的味道。它经常和山毛榉、橡树共生，生长季节是从初夏到秋天。子实体长得比美味牛肝菌早。不常见。网纹牛肝菌和美味牛肝菌一样好吃，但容易生蛆。

如何采摘、烹饪、清洗

当采集美味牛肝菌的时候，握住菌柄的基部，把它从菌丝体中拿出来。如果你随便用刀子切，剩下的部分就会腐烂，菌丝体受到了破坏，于是子实体在那个地方就长不出来了。菌柄上的灰尘倒是要用刀子刮干净，再把美味牛肝菌放到篮子里。

美味牛肝菌是不需要剥皮的，也不要清洗，只需要把灰尘擦干净即可。当菌孔变软时，有些人会把它去掉。把美味牛肝菌切成两半，看看有没有生蛆。当它切片干燥之后，蛆就没有了。可以把干美味牛肝菌放入冷冻室，以免幼虫孵化成蛾子。它干燥后，可以打成粉末。

未成熟的美味牛肝菌可以腌渍、冷冻，鲜美味牛肝菌可以切成细条，做成沙拉，当然也可以烧熟。成熟的美味牛肝菌可以烤着吃，在意大利，人们就是烤着吃的。老一点的美味牛肝菌，最

好切片后，放在油里煸炒，或者炖着吃，也可以做成沙司。干美味牛肝菌做成沙司或炖着吃时，有一种特别的风味。其他野生菌里加入少量美味牛肝菌，可以让它们更可口一些，也是最为经济的做法。

细网牛肝菌

细网牛肝菌是牛肝菌中的毒菌，在牛肝菌中只占极少数，而且它的特征很明显，几乎不会认错。它的外观和美国的土丘牛肝菌（也叫作白牛肝菌王，生长在橡树下）很相似。另一种类似的

细网牛肝菌

牛肝菌是褶孔牛肝菌。

有人说，细网牛肝菌长时间烹饪后可以将毒素破坏，所以是能吃的。但是，冒着肠胃不适的风险去吃它，有什么意义呢？你完全可以吃别的牛肝菌啊。我建议，如果一种牛肝菌的菌孔为红色、摩擦后变蓝色，就不要去吃它了。还有一种牛肝菌叫作丽柄牛肝菌，也不要去吃它。它不含致命的毒素，但它有股苦味，这股苦味在烧熟后也不能去除，就像苦粉孢牛肝菌一样。

形态特征

菌盖： 起初呈暗白色，然后呈灰色或灰绿色。最初呈圆形，长大后变成扁平状。有时有裂纹，直径 30 厘米。

菌孔： 密实，起初呈深红色，然后变成橙色（特别是边缘部分），摩擦后呈蓝绿色。

菌柄： 下部膨大呈洋葱状，未成熟的时候，它的菌柄直径可以达到 7 ~ 8 厘米，有时比菌盖还要大。藏红色到浅柠檬黄色，但基部呈现红色，有红色的网纹，特别是在上半部分。

菌肉： 菌盖上的菌肉呈草黄色，菌柄里的菌肉发白，呈苍白色或柠檬黄色，最后变成天蓝色。

生长地点和季节： 夏季至秋季生长在山毛榉和橡树等的下面。单生，或三四个丛生。

小苦粉孢牛肝菌

严格地说，这种牛肝菌不含毒素，但是味道很苦，在一道菜里加入一整只小苦粉孢牛肝菌，就会影响整道菜的味道。它可能会和美味牛肝菌混淆，但如果稍大一些，一眼就能看出来了，因为它的菌孔是粉红色的，而美味牛肝菌的菌孔是乳白色的。人们常常给我一种野生菌，让我鉴定一下，他们的篮子里最常见的就是这种牛肝菌。最简单的方法是：尝尝一小片菌盖，随即吐去。如果很苦的话，那肯定是小苦粉孢牛肝菌，你要把它扔掉。

形态特征

菌盖： 起初呈圆形，之后呈扁平状，淡棕色，直径 12 厘米。

菌孔： 小苦粉孢牛肝菌的菌孔呈暗白色，老时呈粉红色，摩擦时呈淡褐色。

菌柄： 硬实，多肉，顶部直径 3 厘米，基部直径 6 厘米，高 12 厘米。和美味牛肝菌的另一个区别是：小苦粉孢牛肝菌的菌柄呈浅色，网纹呈深棕色；而美味牛肝菌的菌柄呈深色，网纹呈白色。

生长地点和季节： 生长于落叶林和针叶林中，生长季节是夏天到秋天。

本节为大家介绍的是三种鸡油菌。鸡油菌很受欢迎，淡黄鸡油菌和管形鸡油菌也很好吃。

鸡油菌

鸡油菌和美味牛肝菌、褐绒盖牛肝菌一样，是最流行的野生食用菌之一，世界一流厨师都知道这种颜色金黄、有杏仁气味、味道鲜美的野生菌。法国人特别爱吃它，常常把它放在煎蛋卷中。它的颜色、质地和形状，都和其他菌子不一样。在美国还有种鸡油菌，叫作乌鸡油菌，呈深蓝色。用它做的菜，会让你大饱眼福！

在采菌活动中，我的妻子普莉希拉经常比我先找到它，即使在秋天，白桦树掉下黄色、褐色的叶子，把它遮住了，我的妻子也能找到。这是一种很常见的野生菌，在苏格兰，这种菌子满地都是！我听说，很多年轻的男孩会采集大量的鸡油菌，带到法国。因为在法国，人们会付很多钱来

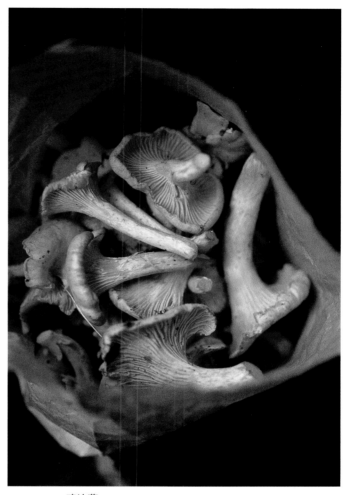

鸡油菌

品尝鸡油菌，这样男孩们就获得了一笔可观的零用钱。尤其是在苏格兰（和加拿大），因为鸡油菌成群生长，整片森林都被染成了浅黄色。每次我开车经过树林的时候，常会看到我最喜欢的鸡油菌被碾在挖掘机的齿轮底下，实在令人惋惜。

形态特征

菌盖： 小的鸡油菌菌盖很小，

呈凸起状，成熟后呈漏斗形，边缘很薄，形状不规则。直径可以达到8厘米。颜色从深黄色到淡黄色，老时会褪色。

菌褶：不规则分叉，几乎从顶部向菌柄基部渐细。不紧密，排列不规则。与菌盖颜色相同。孢子印呈淡黄色。

菌肉：黄色、硬实，有胡椒味道，有好闻的杏仁气味，摩擦后不变色，通常不会生蛆。

菌柄：厚而宽，向基部渐细，呈现漏斗形。基部直径2～3厘米，高达6厘米。

生长地点：在混合林中，经常在苔藓之中或土壤中单生或丛生。

生长季节：夏天。鸡油菌喜湿，所以最好在连续下几天雨后采集鸡油菌。

金黄鸡油菌和管形鸡油菌

金黄鸡油菌

这两种鸡油菌是北欧常见的野生菌，它们是所谓的"秋鸡油菌"。菌盖呈深褐色，直径2~6厘米，呈喇叭形。菌柄高5～8厘米，是黄色的。淡黄鸡油菌的菌柄比管形鸡油菌的颜色深一些。淡黄鸡油菌的菌褶几乎呈黄色，管形鸡油菌的菌褶呈灰黄色。菌肉不多，很薄。淡黄

鸡油菌

鸡油菌有水果香味，管形鸡油菌则没有。但两种鸡油菌都是很好吃的。它们大量成群生长在针叶林与苔藓中。从夏季到深秋都是淡黄鸡油菌和管形鸡油菌的生长季节。

如何采摘、清洗、烹饪

鸡油菌的基部要用尖刀切去，也可以拔掉，但是要把泥土刮掉。因为它们在洗了之后会有些走味，所以我建议，不要用水洗，如果怕沙子进入菌褶，可以用刷子彻

底刷干净。

鸡油菌的用途很多，因为颜色鲜艳，可以用来做菜肴中的点缀。新鲜的鸡油菌特别好吃，但是也可以把它用湿布盖起来，放在篮子里，再放入冰箱，最多可以放四五天，也很好吃。生的鸡油菌有一股辣味，但是烧熟后，辣味就没有了。它可以与煎鸡蛋一起烧着吃，也可以做成汤，或炖着吃，还可以做成沙司。还可以腌渍，但不宜冷冻或干燥。

发光类脐菇

生长地点和季节：与鸡油菌不同，它长在树上，丛生于各种阔叶树，尤其是橄榄树的树桩基部。从夏季到初霜是它的生长季节。具有地中海野生菌的特点。

橙黄拟蜡伞

这种野生菌原来被归在毒菌一类，后来发现是能吃的，但最近的研究发现，大量食用会引起消化系统的不适。初学者经常把这种常见的野生菌误认为是鸡油菌。它没有食用价值。

形态特征

菌盖：直径 6 厘米，呈现橙黄色，中心呈现深橙黄色。边缘最初卷曲，后变成扁平状。

菌褶：与菌盖同色，延生，和鸡油菌一样，但更细一些，长不到菌柄的位置。

菌柄：漏斗形，但不如鸡油菌明显，与菌盖同色，或稍微深一些，可以达到 5 厘米高。

菌肉：不如鸡油菌硬实。

生长地点和季节：生长在混合林中，尤其是针叶林中，生长季节是从夏季到秋季。

发光类脐菇

这种毒菌和鸡油菌相似，但幸运的是，它在英国很少见，在中欧、南欧地区偶尔可以见到。在地中海地区，它一般生长在橄榄树上。而在英、美国，它长在硬木的树桩上。春天，你到一个有很多橄榄树的国家去玩的话，看到这些野生菌，不要太激动：它们不是鸡油菌，不要去采。如果仔细看，还是可以看出它与鸡油菌的差别的。

形态特征

菌盖：发光类脐菇的菌盖要比鸡油菌大，直径可以达到 15 厘米。颜色和鸡油菌相似，深橙黄色到浅黄色。中间凸起，边缘卷曲。

菌褶：和鸡油菌不同，发光类脐菇的菌褶较密，与菌盖同色。这种野生菌可能偶尔会在黑暗中闪光。它成熟后，菌褶会闪荧光。

菌柄：肉质，高 15 ~ 20 厘米，基部渐细。

菌肉：稍薄，金黄色，长大后颜色变深。

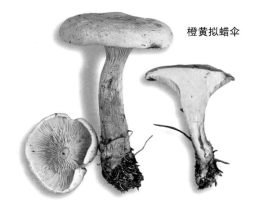

橙黄拟蜡伞

喇叭菌和鸡油菌属于同一科，但这两种野生菌有很多不同。

灰喇叭菌

灰喇叭菌在欧洲各国叫法各有不同。英国人叫它"角杯蘑菇"（这个名字我最喜欢），因为它的形状像一只羊角或喇叭；法国人和意大利人都叫它"死亡喇叭"，可能是因为它的颜色呈灰黑色。但其实，它并不会导致死亡，是一种很好吃的食用菌，可以做很多菜。在可食用的或有毒的菌类中，没有灰喇叭菌的同类。

当灰喇叭菌第一次出现在我的菜单上时，因为它的颜色是黑的，客户都不太愿意去吃。但是现在我的客户很喜欢吃，因为它和一条鲜美的白鱼（如大比目鱼、鳎或僧鲨）一起烧的时候，非常好吃。

形态特征

菌盖： 呈很深的漏斗形，像一只喇叭，有不规则浅裂和波浪状边缘；最初呈淡棕色，然后变成灰色，最后变成黑色。

菌褶： 几乎不存在，孢子是在菌柄外侧隆起部分产生的。当成熟时，孢子给菌柄染上白色或灰色，有天鹅绒般的光泽。

菌柄： 呈不规则的管形，直径1～2厘米，高12厘米，壁很薄。

菌肉： 外面呈灰色，潮湿时变成黑色，里面呈更深的灰色。

菌肉不多，壁很薄，容易破碎，气味芳香，味道鲜美。在意大利的一些地区，它被称为"穷人的松露"。

生长地点： 群生于落叶层，特别是多叶的树林中，与橡树共生，偶尔与山毛榉共生。因为它每年都在同一个地方生长，所以当你初次发现它的时候，务必把它标注在地图上。

生长季节： 夏末到深秋。不要在雨天时采摘，等到太阳出来后才能采摘。

如何采摘、烹饪和清洗

采集灰喇叭菌，最好的方法是用刀切去基部。它需要清洗，因为小虫和杂质经常进入菌盖。可以先把灰喇叭菌摇一摇，如果杂质没有摇干净，可以把它横向切成两半来清洗，最后用布擦干，才能使用。

它适合用来做鲜美的小菜，因为它的颜色是黑的，味道也很鲜美。也可以放在黄油里连同欧芹和细洋葱一起炒、做成沙司，也很适合做汤或炖着吃。在黄油里烧熟后，才可以冷冻。可以冻干后打成粉末，用来给沙司调味。它不太适合腌渍，保质期也不是很长，如果放的时间太长，会完全脱水，变得像皮革一样。

灰喇叭菌

毛头鬼伞

毛头鬼伞

　　毛头鬼伞的形状，总是让我想起白金汉宫的保镖穿的熊皮大衣。有一次我开车越过军营大门时，看见一大群毛头鬼伞生长在草地上，看上去好像在站岗。我突然把车子停了下来，去采集它们，让后面的摩托车手和站岗的士兵都吓了一跳。

　　它在英文中有不同的俗名，形象化地描述了它的特征。菌盖上的鳞片，像律师头上的假发，所以叫作"律师的假发"；菌盖会流出黑色的墨汁，这种墨汁以前常常用来写字。

　　这是伞菌中很好吃的一种，我认为，主厨们对它的评价似乎不够高。我用它烧了几年的菜，烧得很好吃，而且我发现它有很多用途。未成熟的毛头鬼伞菌褶呈白色，这时它才有利用价值。一旦菌盖、菌褶开始变黑，毛头鬼伞就没有用了。

形态特征

　　菌盖：未成熟的毛头鬼伞的菌盖呈卵圆形或圆柱形，高达 3~15 厘米，直径 1~6 厘米，在菌柄处闭合。表皮为白色，覆盖有大的白色鳞片，尖顶部呈淡褐色。当成熟后，菌盖打开，像铃的形状，表皮呈暗白色，从边缘向上开始变成灰色，再变成黑色，由于细胞内消化，菌盖变成黑色的墨汁。

　　菌褶：未成熟的"毛头鬼伞"的菌褶必须把菌盖横向切成两半，才能看得见，排列紧密，最初呈白色，后

　　鬼伞在伞菌中数量较少，只有一种鬼伞小的时候很好吃，味道与四孢蘑菇差不多，它就是毛头鬼伞。

毛头鬼伞

方，时间更短。

如何采摘、烹饪、清洗

　　用尖刀把未成熟的未开伞的毛头鬼伞的菌柄基部切去。老的毛头鬼伞是不能用来做菜的，因为它太软，墨汁会把任何接触它的物体都染成黑色。它在切了之后，菌盖会马上开伞，所以保存的时间不要太长。为了避免菌盖开伞，可以把菌柄从菌盖上拉出来。我建议，为了让它保存的时间稍微长一点，可以放在水里焯一下。没有开伞的菌盖上如果有沙子，可以用水洗。

　　毛头鬼伞很好吃。小的菌盖可以在鸡蛋液里蘸一下，再在面包屑里滚一下，放在油里煎着吃；或放在汤中或沙司中；也可以炖着吃；还可以放在黄油中，连同细洋葱和欧芹一起炒着吃。它不太适合干燥或冻干，因为冻干或干燥后，就完全变味了。

呈粉红色到灰色，最后呈黑色。孢子印呈黑褐色。

　　菌柄：细长，中空，直径1～3厘米，高达25厘米，白色。菌柄呈膜质，能保护小菌褶，有不规则的菌环，菌环裂开后，落到菌柄的基部。

　　菌肉：未成熟时，菌柄和菌盖连成一体，非常紧实，菌肉呈白色，非常鲜美。有野生菌气味，和老的四孢蘑菇相似。好消息是，

毛头鬼伞不会有虫卵，因为菌盖很快消失，菌柄中间是空的。

　　生长地点：有单生，有丛生，也有群生。毛头鬼伞可以长在乡间的小路上，翻动过的土壤里，草坪上，湿地上，几乎到处都能生长。

　　生长季节：夏末到深秋，特别是在温暖而不太潮湿的天气。

　　毛头鬼伞的菌盖，只需两天时间就会变成墨汁，在温暖的地

墨汁鬼伞

　　虽然未成熟的墨汁鬼伞是可以吃的，但我把它列在毒菌一类，因为它与酒精同食时，会发生强烈的反应（已知会致死）。吃的时候，如果喝啤酒，或者吃墨汁鬼伞之后马上喝酒，或者几小时之后再喝酒，就会引起恶心、呕吐、面色潮红的症状。有一种化学物质与之相似，可以用来解酒。我强烈建议，不要采墨汁鬼伞吃。

墨汁鬼伞

形态特征

　　和毛头鬼伞一样，它的菌盖也会流出墨汁，但这两种野生菌很容易区分。

菌盖：一开始呈椭圆形，成熟时呈圆锥形。顶部呈现淡灰色或淡褐色，长大后发生了细胞内消化作用，颜色变深，边缘变成黑色（和毛头鬼伞相同）。

菌褶：最初呈白色，随着细胞内消化作用，变成灰色到墨黑色。

菌柄：高达 15 厘米，细长（直径只有 1 ～ 2 厘米），中间是空的。

生长地点和季节：丛生于人工种植区附近的树桩上、草坪上、花园里和马路边上，从晚春到深秋都是它的生长季节。

白鳞鬼伞

　　白鳞鬼伞的口感不好，所以不能吃。未成熟的白鳞鬼伞的菌盖与毛头鬼伞相似。

形态特征

菌盖：直径 4 ～ 6 厘米，呈

墨汁鬼伞

椭圆形，以后变成铃状。灰白色，最后变成黑色，有白色的斑点。

菌褶：白色，然后变成粉红色，最后变成黑色的墨汁。孢子印呈黑色。

菌柄：8 厘米左右，白色，又轻又软，球状基部柔软得像羊毛一样。

生长地点和季节：它通常和山毛榉共生，从夏末到深秋都是它的生长季节。分布在英国南部，但北部很少见。

肝色牛排菌

多孔菌的菌盖下部有许多孔，孢子是从菌孔中释放出来的。只有几种多孔菌是能吃的，肝色牛排菌是其中一种。

肝色牛排菌

大多数多孔菌都是寄生菌，对树木有破坏作用，但也会产生一些附加效用。肝色牛排菌是寄生在橡树上的，它不但是美味佳肴，还给橡树染上美丽的红褐色。家具制造商很喜爱这种颜色。

檐状菌的形状像屋檐或架子，附着在树上，并从树上吸取营养，最后树会遭破坏，因而得名。采野生菌的时候，你的鼻子和眼睛不要只盯着地面看。虽然檐状菌

有时长在树木的根部，但实际上，它可以生长在树的任何部位，所以你的眼睛恐怕要不时地往上一点儿看。硫磺菌也是檐状菌的一种。

形态特征

菌盖：直径可以达35厘米，厚达6～7厘米。未成熟的肝色牛排菌，菌盖很软，汁水很多，顶部有疣，砖红色，整个菌盖像牛的舌头。边缘呈圆形，老时变得薄而黏稠。

菌孔：清晰可见，淡粉红色，紧密，是分开的，这和大多数多孔菌不同（大多数多孔菌，菌孔是合在一起的），触摸后颜色变深。孢子印呈红黄色。

菌柄：菌柄很短，很粗，几乎不明显，甚至没有菌柄。

菌肉：当把表皮切去后，菌肉看上去会湿乎乎的，呈亮红色，长大后颜色变深。切的时候，会露出淡红色的条纹，类似血管，和一些牛排相似，所以叫作穷人的肉或肝脏。菌肉很大，汁水很多。有浓厚的野生菌气味，生吃

时略带酸味。

生长地点：落叶林，寄生在橡树上，有时生长在榛子树上，可以长在活的树干上，也可以长在树桩上。有时是单生的，有时成群生长。

生长季节：夏末到深秋都是它的生长季节。不需要特殊的天气条件，因为它是从活的树上吸取营养的。

如何采摘、清洗和烹饪

当肝色牛排菌附着在树干上的时候，只需切去基部即可。因为它是长在树上的，通常不沾土，只要刷一下即可。当肝色牛排菌很老的时候，里面的水分全部消失，就不要采了。

我找了好几年，终于找到了用它做菜的方法。它的味道很好，富含蛋白质和维生素。因为它的味道偏酸，吃的时候，为了让它更容易消化，去除苦涩味，我建议应该烧熟。未成熟的肝色牛排菌汁水很多，可以做成沙拉。这种野生菌的质地和真正的肉相似，

肝色牛排菌

肉很多，汁水也很多，所以可以做菜。因为它的细胞液呈酸性，所以煮熟后会变黑。它可以点缀一些含油多的食物（比如甜面包或脑髓）。

灰树花菌

提到硫磺菌，你就要想到与之相似的灰树花菌。灰树花菌未成熟的时候，是最好的野生菌。它的外观会让你眼前一亮，因为它很大、很圆，就像一只母鸡蹲在鸡蛋上面孵蛋！它的学名，在意大利语和拉丁语里的意思是"叶子"，因为这种野生菌，是从同一根菌柄上长出来的，就像层层叠叠的叶片。因为它是多孔菌，所以只有菌孔，而没有菌褶。它常常生长在北部地区的森林中，加拿大、欧洲和亚洲都能找到它。它的日本名字叫"舞茸"，日本人已经掌握了培育方法，在全世界的市场上都能买到它。

形态特征

菌盖：这种野生菌其实是没有菌盖的。它的子实体有很多裂片，裂片从菌柄的分叉处长出来，菌柄附着在树干上。裂片的表皮是光滑的，呈棕色到灰色，有暗色的圆圈。成熟的时候，会有黑白相间的条纹。

菌孔：白色，不太紧密，呈圆形，长约 2 ~ 3 毫米。孢子印呈白色。

灰树花菌

树花菌是亚灰树花菌的一种，大型亚灰树花菌和宽鳞多孔菌都属于这种野生菌。在多孔菌中，灰树花菌和猪苓是最好吃的，但不常见，人们正在研究如何进行人工培育。

猪苓

菌盖的颜色呈现灰褐色，有小鳞片，长大后颜色变淡，呈乳白色。菌孔有棱角，呈白色，一直长到菌柄处。孢子印呈白色。分叉的菌柄呈白色，很薄，最后连成一体，成为基部。生长在阔叶树，特别是杨柳和山毛榉的树根旁边。在美国不常见，在英国和其他欧洲国家极为少见。

如何采摘、清洗和烹饪

用尖刀切开后，看看有没有虫子，用刷子刷干净后再烧。实际上，也可以用水洗去灰树花菌上的杂质。这两种野生菌都是很好吃的，但不要生吃。它可以和鸡蛋、面包屑一起炒着吃，炖着吃，还可以保藏。一片树花菌有好几片裂片，可以供五六个人食用。

菌柄：菌柄上有裂片，长得像电风扇一样，呈现白色，未成熟的时侯，很粗、很嫩，稍大一些时有嚼劲。高可以达到 30 厘米，直径则可以达到 20 ~ 50 厘米。

菌肉：又白又厚，有面粉的味道，老时呈纤维状，有奶酪味。

生长地点：长在树桩上，在死去或垂死的树根部，如榆树、橡树、山毛榉、枫树，甚至松树的根部。

生长季节：从初夏到初秋。灰树花菌生长时并不需要潮湿的天气，因为它从树上吸取水分。

猪苓

猪苓这种食用菌，和灰树花菌非常相似，也非常容易混淆。但是它很少见，英国和欧洲当局建议不要采集。中国人用它来提高人体免疫力。子实体直径可以达到 50 厘米。底部肉质厚实，上面长出大量伞形的菌盖，每只菌盖的直径可以达到 4 ~ 6 厘米。

猪苓

美味齿菌

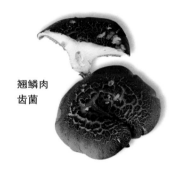

齿菌和其他野生菌不同，菌盖下面不是菌褶或菌孔，而是成千上万根小刺。在所有的齿菌中，只有美味齿菌和翘鳞肉齿菌是食用菌。其他大部分齿菌是不能吃的，有些甚至是强酸性的，有催吐作用，所以必须准确鉴别！

美味齿菌

美味齿菌在欧洲的大多数市场里可以买到。它和大多数可食用的野生菌不同，子实体上没有菌褶和菌孔，而是有很多刺，刺从菌盖的下半部分向下生长，所以叫作齿菌。它的质地和味道，跟鸡油菌差不多。它很常见，即使其他野生菌不多的时候，也很容易找到。有很多野生菌都有刺，但是美味齿菌的颜色要比其他带刺的野生菌浅一些，因而很容易辨认。

形态特征

菌盖：不规则，多肉，很脆，凸起到扁平形，白色、淡黄色或

美味齿菌

橙色，其颜色取决于生长环境。直径可以达到 15 厘米，表皮很光滑，不黏，像绒面革一样。

菌刺：紧密，垂直生长到菌盖的下半部，延生，长度可达 6 毫米，很脆，轻轻碰一下就碎了。多数与菌盖同色。孢子印呈现白色。

菌柄：大，基部明显，经常向菌盖一侧生长。颜色较浅，表面和菌盖一样光滑。高达 7 厘米，直径 4 厘米。

菌肉：肉实，但易破碎，呈黄白色，味道微苦，烧熟后苦味消失，有浓厚的香味，味道很好。气味芳香，有淡淡的蘑菇味。

生长地点：丛生于针叶林或阔叶林中，有时呈环状或带状丛生。

生长季节：气候温和的夏末到深秋都是它的生长季节。

翘鳞肉齿菌

翘鳞肉齿菌是美味齿菌的近亲，虽然也是一种食用菌，但由于它的味道很苦，所以并不是非常受欢迎。它的菌盖直径达 10~25 厘米，覆盖有粗糙的棕灰色鳞片，尖部凸起，长在淡红棕色的漏斗形菌盖上。刺从菌柄处向下长，长达 1 厘米，紧密，延生，呈白色，老时呈棕灰色。孢子印呈

棕色。菌柄长可达 8 厘米，宽 2 厘米，粗短，呈白色，老时呈棕灰色。菌肉呈暗白色，以后变成淡棕色，颜色像旧照片一样。硬实而有嚼劲。成熟后味道浓厚、酸而苦。常见于针叶林中，特别是在沙质土壤中，夏末到秋天都是它的生长季节。在北美和欧洲很常见，常见于老松树林和杉树林中。

翘鳞肉齿菌

如何采摘、清洗和烹饪

用尖刀切去基部。美味齿菌是最不容易生蛆的，只要稍微刷一下或者刮一下就可以，可在冰箱里储藏几天。未成熟的美味齿菌有很高的食用价值，整个菌，包括刺都可以食用；年龄稍大的，刺必须去除，因为这些刺有股苦味。两种菌都必须熟吃，以去除苦味。它们可以单独吃，也可以炖着吃，或连同洋葱一块儿放在黄油里煸炒，也可以和其他野生菌一起烧。美味齿菌的菌肉比鸡油菌硬，可以晒干，也可以做成沙拉和汤，还可以腌渍，烧熟之后可以冷冻。翘鳞肉齿菌本身并不是那么美味，但和别的菜烧在一起时会很好吃。

蜡蘑的种类并不是很多，但在小的食用菌中，我最喜欢紫蜡蘑。

红色，也是一种食用菌。

形态特征

菌盖：很小，直径1～8厘米，颜色呈淡紫罗兰色，但老时会褪色，干燥时呈现淡紫色。有时中心有斑点。

菌褶：延生，不规则形。起初呈淡紫色，老时呈粉白色。孢子印呈白色。

菌柄：长8厘米左右，宽7毫米左右，与菌盖同色。基部覆盖淡紫色绒毛。

菌肉：未成熟的紫蜡蘑的菌肉，又嫩又鲜美。味道是甜的，但没有特殊气味。

生长地点：丛生于针叶林和落叶林中，通常和山毛榉共生。

生长季节：常见于夏末到初冬。

如何采摘、清洗和烹饪

只需切去基部，刷去泥土即可。我经常把紫蜡蘑和红蜡蘑做成沙拉，或者用在菜中点缀。它们的烹饪价值并不高，最好和别的野生菌搭配在一起。紫蜡蘑和黄色的鸡油菌是绝配。

紫蜡蘑

也许是由于紫蜡蘑的颜色不太好看，多数人认为它的烹饪价值不太高，但是无论是采集还是烹饪，它都会给我带来快乐。它很小，很鲜美，我特别喜欢它的颜色。因为它的子实体老了之后会变色，所以有人说，它会"骗人"。它的近亲叫作红蜡蘑，呈棕

紫蜡蘑

洁小菇

洁小菇

洁小菇一度被认为是能吃的，但现在人们认为它有累积性毒素，长期食用会损害人体免疫系统。有人说它还有致幻性。我尽量不去吃它。它和紫蜡蘑相似，但颜色稍淡一些。

形态特征

菌盖：直径2～5厘米。紫色到淡紫色。潮湿时，边缘有线条。

菌褶：白色到粉红色，有萝卜气味。孢子印呈白色。

菌柄：长6厘米左右，宽6毫米左右，与菌盖同色，很硬，像皮革，基部有绒毛。

生长地点和季节：丛生于各种类型的树林中，生长在树叶堆和苔藓中。从夏天到冬天都是它的生长季节。很常见。

乳菇切了之后，会流出一种像牛奶一样的液体，因而得名乳菇，这种液体的颜色因种类而异，有白色、酒红色和橙色。

松乳菇

松乳菇

松乳菇和别的乳菇有两大不同：它渗出的乳汁呈现深橙红色，菌肉呈藏红色，摩擦后呈绿色。

在乳菇中还有很多种食用菌，特别是在美国（约两百种），颜色从紫色到靛蓝色。但在欧洲，人们认为"松乳菇"是食用菌中最好吃的，值得一采。法国人、德国人、波兰人、瑞典人和俄罗斯人都喜欢它。它有坚果味，质感坚实，颜色也特别鲜艳，所以我也很喜欢。每逢野生菌生长的季节，我的苏格兰朋友蒂莫西·尼斯总会给我一些很好的乳菇、美味牛肝菌、木质口蘑和鸡油菌。有时他还会送我一些可爱的蜡烛，是用他自己蜂房里的纯蜂蜡做的。

采集时要特别小心，不要把松乳菇和有毒的疝气乳菇（见后页）搞混淆了。

形态特征

菌盖：起初是凸起的，中心

略有缩小，以后变大，颜色也变深。边缘最初是卷曲的，然后膨大，成为漏斗形。表皮光滑，最初呈现藏红橙色，常有深浅相间的藏红色同心圆环，成熟后颜色变淡，不鲜艳，摩擦后变成绿色。直径达 15 厘米。

菌褶：与菌盖同色，摩擦后变成绿色，紧密，微下延，易破碎。孢子印呈淡黄色。

菌柄：中空，相对较短而且较粗，直径达 7 厘米。颜色比菌盖、菌褶要淡一些，有橙黄色的凹陷，特别是在基部，摩擦后亦呈现绿色。

菌肉：切开或打碎后，会渗出一种乳汁，接触空气后很快变成胡萝卜颜色。味道微苦，烧熟后苦味消失。乳汁微带甜味，闻起来有水果般的酸甜味——实际上是煮沸的糖果味！

生长地点：在针叶林中的草丛中，经常藏在针叶底下。有时单生，多数情况下是丛生的。

生长季节：夏末到深秋。

如何采摘、清洗和烹饪

松乳菇稍硬，味道也不太浓，我认为，只要你在用它做菜时多加小心，就可以做成一道鲜美的小菜。它要用尖刀切，首先看看有没有生蛆。大一点的可能会生蛆，可以把菌柄横向切成两半检查一下，这样就可以弄干净了。很硬实。如果特别脏，可以放在水中冲洗。

接着，把它放在沸水里焯

疝气乳菇

2～3 分钟，以去除苦味。你可以把它做成沙拉，也可以蒸、炖或煸炒，还可以把它做成沙司，这种沙司可以用在意大利面、肉和鱼里面。它冷冻后也很好吃。俄罗斯人把它放在盐中保存。

疝气乳菇

不是所有的乳菇都是食用菌，很多乳菇口感不好，不能吃，还有些乳菇属于毒菌。松乳菇和疝气乳菇，一种是食用菌，一种是毒菌，很容易混淆，但也有区别。在北欧和俄罗斯部分地区，这种乳菇经过特殊处理后，是能吃的，但我建议你不要吃疝气乳菇，以免造成严重的疝气症状。

形态特征

菌盖：它和松乳菇最根本的区别在于，它的菌盖上有羊毛状的纤维，而松乳菇是光滑的。菌盖直径可以达到 12 厘米。疝气乳菇的菌盖一般呈现淡橘红色，而松乳菇的菌盖是橙色的。但两者都有深浅相间的同心圆。

菌褶：白色，孢子印呈奶油色。

菌柄：肉色，和松乳菇的菌柄高度相同。疝气乳菇的菌柄和肉切开后，流出的乳汁呈白色，松乳菇的乳汁呈红橙色。有胡椒味道。

生长地点和季节：和食用菌松乳菇不同，它单生在白桦林中，而不是针叶林中。从夏季到秋季都是它的生长季节。

硫磺菌是一种檐状菌，长在活的树木上。因为这种食用菌的颜色是黄的，所以叫作硫磺菌，但它丝毫没有硫磺的气味！

硫磺菌

硫磺菌和肝色牛排菌一样，也是一种檐状菌，属于多孔菌的一种，寄生在老树上，并从树上吸取营养。当你去采野生菌的时候，眼睛要上下观察。

多年以前，我雇了一个意大利人帮我采集野生菌。有一次他发现，湖边的一棵柳树上倒挂着一个硫磺菌。为了采集它，他只好借了一条船和一把梯子。船很小，而他的体型很大，采集的难度可想而知。最终他还是采到了，后来我们大吃了一顿。每当我回想起这段经历时，不免毛骨悚然。

硫磺菌也叫作"竹林中的鸡"，因为它的菌肉是白色的，很嫩，质地和小鸡肉是相似的。

形态特征

菌盖：呈鲜黄色，表皮光滑，后变成绒面革状。硫磺菌没有菌柄，从老树的树皮中吸取营养。最初呈花骨朵状，后变成风扇状或屋檐状；群生的菌盖连在一起，形状稀奇古怪。成熟后，直径可以达到 70 厘米，重达 22 千克，但这时它们会很硬，不能吃。

菌孔：在放大镜或显微镜下可见，颜色因年龄而不同，与表皮同色，或稍淡于表皮，触碰后颜色变深。孢子印呈白色。

菌肉：汁水极多，质地和鸡肉相似。未成熟的硫磺菌容易挤出汁水来。菌肉呈白色，老时易碎。有浓厚的野生菌气味，味道很鲜美，有时偏酸。

生长地点：落叶林中，偏爱橡树和柳树，也常见于樱桃树和紫杉树中。有时单生，有时呈小群分布。

生长季节：从晚春到秋天都是它的生长季节。硫磺菌在不下雨时仍然能生长，即使在干燥的气候里，仍能保持新鲜多汁，因为它是从树上吸取水分的。

如何采摘、清洗、烹饪

硫磺菌的基部附着在树上，要用刀子切去，因为子实体有时会吸收树皮碎屑，因此是不能吃的。

小而嫩的硫磺菌，切成片后，可以烤着吃。它较大的时候，颜色变深，呈橙黄色，可以做成汤或炖着吃，或腌渍，但不推荐冷冻（在黄油中烤熟之后才可以冷冻）。虽然我自己没有吃过，但据说干燥的硫磺菌打成粉末后是一种很好的香料。最好熟吃，因为有些人生吃后会过敏。

硫磺菌

**异色疣柄
牛肝菌**

褐疣柄牛肝菌和异色疣柄牛肝菌是远亲，用途很大。有多种颜色：淡灰色、褐色、深褐色，比异色疣柄牛肝菌稍微小一些。

在美国，橙黄白桦牛肝菌常常叫作白桦牛肝菌，而异色疣柄牛肝菌常常叫作山羊疣柄牛肝菌。

任何野生菌都是呈阴茎状的，未成熟的疣柄牛肝菌，阴茎形状尤为明显，有些疣柄牛肝菌的比例甚至比较特殊！在远处，你可以看到异色疣柄牛肝菌的菌盖呈橙黄色，当你拨开草，采到它的时候，可以看到长长的菌柄，很硬实，让你惊讶不已。在疣柄牛肝菌的生长旺季，我的篮子几分钟就满了。但因为疣柄牛肝菌很重，所以如何把它们放回汽车里，就成了一个大问题。

在人迹罕至的地方，你可以找到成熟后菌盖直径达30厘米的异色疣柄牛肝菌。它们通常很软，像块海绵，所以要把它们打碎，让它们散布各处，这样有利于孢子的传播。疣柄牛肝菌最好的采集地点是在白桦树下。

波兰人和俄罗斯人特别喜欢疣柄牛肝菌，他们会用各种方法烧着吃。有些人更爱吃疣柄牛肝菌，而不太爱吃美味牛肝菌。

疣柄牛肝菌是牛肝菌的一种，初学者可能会混淆，但是，一旦你了解了这种菌菇的名称、颜色和形状，就可以正确地识别出是哪一种菌子了。

异色疣柄牛肝菌

不同的菌物学家会给这种疣柄牛肝菌取不同的名称。最常见的名称是异色疣柄牛肝菌，许多人管它叫作橙黄疣柄牛肝菌，还有人管它叫作橙黄白桦牛肝菌、栎疣柄牛肝菌。什么名字都有。

疣柄牛肝菌都是食用菌，我都喜欢吃。疣柄牛肝菌很大，很重，很坚实，虽然烹饪价值不是很高，但很容易采摘。

上图向你全面地展示了疣柄牛肝菌，在右图中，我的手上拿着的是栎树疣柄牛肝菌（橙黄白桦牛肝菌）。

形态特征

菌盖： 起初呈半球形，很硬，呈红橙色；成熟后最大直径会长到30厘米，有明显的凸起，变软，呈现淡橙色。

菌孔： 未成熟的异色疣柄牛

肝菌，菌孔微小，呈淡灰到赭黄色，之后颜色变淡，像海绵一样。孢子印呈棕黄色。

菌柄： 和菌盖一样大小，暗白色，有棕色或黑色鳞片，粗糙。最大直径5厘米，高25厘米，朝菌盖方向渐细。褐疣柄牛肝菌的菌柄较小。

菌肉： 未成熟的异色疣柄牛肝菌，菌盖、菌柄上的菌肉硬而嫩。成熟时，菌盖上的菌肉变成白色，有些像海绵，菌柄上的菌肉呈现纤维状，切开之后变成蓝灰色。有野生菌气味，味道鲜美。

生长地点： 通常是单生于白桦树和橡树底下，密集的树林中，有时是群生的。

生长季节： 天气较潮湿的初夏到秋末都是它的生长季节。

如何采摘、清洗、烹饪

疣柄牛肝菌的菌柄要用尖刀切去，鳞片也要剥掉，看看有没有生虫。如果它很老，就不要了，因为菌孔已经出水了。

由于疣柄牛肝菌相当潮湿，味道也不太浓，我不建议把它们晒干。当然，生的疣柄牛肝菌可以冷冻，也可以腌渍，颜色会变成深灰色。我推荐的做法是切片后放在黄油和大蒜里煎着吃或炒着吃，做成汤或沙司也很好吃。疣柄牛肝菌做熟之后会变成黑色，但它们仍然很好吃。最好多采一些，一块儿烧着吃。

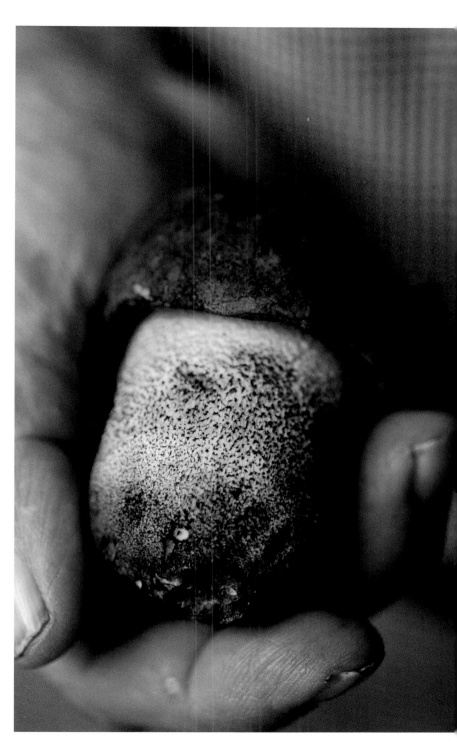

栎树疣柄牛肝菌

褐环柄菇

环柄菇也叫作伞形菌，是野生菌中最高的，菌柄可以高达 30 厘米。

褐环柄菇

未成熟的褐环柄菇，像鼓手用的鼓槌，意大利人叫它"鼓槌菌"。成熟的褐环柄菇，像一把巨大的太阳伞，其他国家的人叫它"太阳伞菌"。我认为，褐环柄菇的英文名字应该叫作鼓槌菌，因为英国人喜爱铜管乐。

它很容易找到，也很容易辨认，因为它有自己的特征，如果抓住了这些特征，就可以放心地采摘和食用，它也是食用菌中很好吃的一种。采集它的时候，要注意它和粗鳞大环柄菇有区别，粗鳞大环柄菇的菌盖顶部有羊毛状的鳞片，菌柄很短，菌肉有红点。人们认为过敏的人吃了它会引起胃部不适，因此，最好采集褐环柄菇，而不要采集粗鳞大环柄菇。

形态特征

菌盖：最初呈鸡蛋形，边缘到菌柄有菌纱。开伞之后，菌纱会破裂，在菌柄上留下浅棕色的菌环。完全成熟后，菌盖中心有同心的褐色鳞片，有明显的乳头或凸起，下面的颜色发白。直径达 25 厘米。

菌褶：离生和密生，白色，宽度达菌盖厚度的三分之二，像翻开的书页。孢子印呈白色。

菌柄：高达 30 厘米，直径约 2 厘米（球形的基部达 4 厘米）。非常细，不足以支撑菌盖，呈木质，纤维化，不能吃。开始呈淡灰色，后变成白色，有淡棕色的鳞片或蛇形记号。菌纱变成双环，留在空心的菌柄上。

菌肉：菌盖上的菌肉呈白色，很薄，最初是硬实的，长大后变软。切掉或摩擦之后不变色。味道和气味都很好。

生长地点：单生于土壤上，有时群生于落叶林干燥的部分或

边缘地区；也生长于旷野、花园、绿篱中。

生长季节： 从夏末到秋季都是它的生长季节，有周期性。

粗鳞大环柄菇

粗鳞大环柄菇也是一种很好的食用菌，但有些过敏人群吃了之后会有肠胃不适的症状。它与褐环柄菇不同，菌柄在切伤后，菌肉马上变成红色。菌盖直径5~15厘米，呈羊毛状，最后中心留下一块浅褐色的斑点，周围是下弯的浅褐色鳞片，看上去很蓬松。菌褶是白色的，但触碰后或长大后会变成红色。孢子印呈白色。菌柄长12厘米左右，宽1.5厘米左右，基部宽，呈球状，乳白色，切开后变成橙色或红色。菌环呈膜质。经常见于落叶林中，夏季到秋季是它的生长季节。

如何采摘，清洗和烹饪

环柄菇可以用尖刀切。它一般不会生虫子——除非菌子太老了，不适宜采摘。只需把菌盖上的尘土或沙子刷一下即可，千万不要用水洗，因为它吸收了水分之后味道就会变。

菌柄太硬了不能吃，但菌盖很好吃，吃法因生长阶段而异。在还没有开伞的时候，它可以在面糊里蘸一下，再煎一下，看上去像小的苏格兰鸡蛋一样！开伞呈杯状时，可以做成馅或炖着吃。

完全开伞，呈太阳伞状时，可以放在打好的鸡蛋和面包屑中煎一下。环柄菇不太适合腌渍或冷冻，我建议你吃新鲜的。

冠状环柄菇

冠状环柄菇有类似鹅膏菌的毒素，会引起肌肉痉挛、流汗、胃肠道反应，潜伏期5~15小时，持续时间不明确。很多小环柄菇都是有毒的。因此，尽量不要采集不认识的环柄菇。

形态特征

菌盖： 菌盖苍白，直径2~6厘米，主色为白色，中心有淡红色斑点，周围有颜色相近的同心鳞片。

菌褶： 白色，有空隙。孢子印呈白色。

菌柄： 长5厘米左右，宽4毫米左右。白色，基部呈酒红色。菌柄上有菌环。

菌肉： 薄，呈白色，有类似胶乳或橡胶的刺激性气味。

生长地点和季节： 生长在树林、花园中的垃圾堆、腐叶层和土壤中。从夏季到秋季都是它的生长季节。

冠状环柄菇

香蘑的颜色呈现苍白色到紫罗兰色，香味很好闻，味道也很鲜美，既饱口福，又饱眼福。

紫丁香蘑

所有的野生菌都不含使植物呈现绿色的叶绿素，但是它们会呈现出其他的颜色，非常漂亮。紫丁香蘑，是英国常见的野生食用菌，颜色非常鲜艳，有紫色、紫罗兰色、淡褐色、浅棕色。因为它们会被落叶遮住，所以有时会很难找。因为它大量生长，很容易辨认，也很好吃，但是一定要烧熟了之后吃，所以我把它归到"可食用"这一类。它不能做沙拉，因为生的紫丁香蘑含有一种毒素，大量食用后会引起胃部不适，这种毒素烧熟后就没有了。

这种蘑菇大量群生，范围很广，所以你一下子就可以采到很

紫丁香蘑

多——但它有时会藏在落叶堆里，比较难找。它的生长季节是冬天，比许多野生菌都要晚。它可以人工栽培，而且很常见。

形态特征

菌盖： 起初是凸起的，不规则膨胀，边缘卷曲，露出菌褶。最大直径为 12 厘米。起初为紫色，然后为淡褐色。表皮很光滑，即使是干燥的天气里，也有潮潮的感觉。

菌褶： 不规则形，或稍微弯曲。密集，颜色比菌盖深，后变成浅棕色。孢子印呈淡粉红色。

菌柄： 表面纤维化，呈紫色，长大后颜色变淡，切过后，边缘呈暗色，中心颜色比较淡。

直径约 3 厘米（向顶部渐细），高约 10 厘米。

菌肉：小时候呈紫罗兰色，老后变成淡灰色。切开后，像浸透了水一样，有水果香味，很好吃。

生长地点：丛生在落叶林中、篱笆中、花园里、肥料堆中，生长面积有时会很大。

生长季节：相对晚一些，九月底到新年都是它的生长季节，即使下了霜也能生长。

粉紫香蘑

紫丁香蘑的近亲是粉紫香蘑，它可以在田野或施过肥的牧场上环生或群生。它比紫丁香蘑要难找。与紫丁香蘑不同，它的菌盖呈苍白色、乳白色到褐色，菌柄呈紫罗兰色，又叫作蓝腿菇。它的高度和菌盖的直径都和紫丁香蘑差不多，但生长季节稍早，是从秋天到初冬。味道和紫丁香蘑极为接近。它也必须烧熟后吃。

如何采摘、清洗、烹饪

用尖刀切去菌柄的基部，洗净，放进篮子里。有时叶子会粘在菌盖上面，所以必要时可以擦一下。香蘑通常是没有虫子的，但是也要检查菌柄上有没有虫子。如果菌柄很老，就不要了。因为它耐寒，所以能在冰箱中存放几天。

紫丁香蘑和粉紫香蘑，菌肉都很厚实，水分也较多，只要把

几只香蘑放入黄油里，和大蒜、欧芹一起炒，就可以做出一道美味的菜肴。也可以炖着吃，或者和其他野生菌一起炒着吃，和鱼、肉搭配放入沙司中尤其美味。烧熟后适合冷冻，也可以腌渍或保存在油中。我经常把它放在专用的干燥器中。不管怎么吃，香蘑一定要做熟吃。

带着我的拐棍和篮子去寻找菌子

马勃没有菌褶，也没有菌孔，孢子在内部产生。雨滴洒在上面的时候，孢子就会射出来，像一团云。

大秃马勃 🍴

大秃马勃通常是生长在旷野上的（如照片所示）。然而，它们有时会在你想不到的地方生长。几年前的秋天，我和心爱的狗狗简在穿过伦敦市中心的海德公园时，突然我发现有一个东西，藏在小路附近的灌木丛中，我以为是一个白色的足球。但是那里没有孩子，不可能有谁丢了足球。我注意到大球旁边还有一个小一点的球，仔细一看，原来是一个巨大的马勃。

大秃马勃

在伦敦的环形 M25 国道上，我发现在两条车道中间，长着几千只马勃。当新闻记者采访我的时候，我提到了这件事，后来警察严厉地警告了我。原来，这件事在报纸上登出来之后，很多看到了这条新闻的路人，都停下车去看马勃，因此造成了多起事故。M25 国道现在已经拓宽，长马勃的地方，现在已经铺上了沥青。

在很多食用马勃中，大秃马勃是最好吃的，也是最有特点的。一只大秃马勃就可以做成美味的菜，供全家享用。而梨形马勃和网纹马勃则较小，需要多采一点。所有的马勃成熟后，菌肉呈白色，硬实，很好吃。小一点的马勃很容易和有毒的黄硬皮马勃混淆，还容易和未开伞的鬼笔鹅膏菌混淆。为了区别，我们可以把它切开来，马勃是实心的，而鹅膏菌有菌盖和菌褶的轮廓。

形态特征

大秃马勃没有菌盖、菌褶和菌柄，是一种腹菌。子实体接近球形，直径达到 80 厘米。孢子在内部产生，但成熟时会喷到球体外面。子实体和菌丝体由菌根相连，菌根破裂后，马勃就被风吹散到各处，散出几百万个孢子。马勃最初呈乒乓球形，然后呈网球形，最后变成足球形。

马勃的外皮很硬，像皮革一般，呈白色，长大后变成棕色。菌肉也很硬，呈白色，后变成黄色，最后变成棕色粉末。孢子呈深黄褐色。菌肉的气味很好闻，就像四孢蘑菇一样，但比四孢蘑菇的味道稍微浓烈一些。当马勃变老的时候，气味就变差了。

生长地点：单生于施过肥的田野上，花园或公园里，施过肥的草地上，灌木丛或荨麻间。它的生长地非常广。

生长季节：夏末到深秋。

梨形马勃 🍴

梨形马勃是一种很小的马勃，未成熟的时候能吃，但有橡胶气味，味道很淡，很多人不愿吃它。子实体直径 3～5 厘米。表面粗糙，像砂纸一样，呈乳白色，后成为淡棕色。内部的菌肉是白色的，慢慢变成赭黄色。它有很多孔，像蜀葵糖浆。孢子呈赭黄褐色。它丛生于腐木的树干上或埋在地下的木头上，八月到十一月是它的生长季节。

网纹马勃 🍴

网纹马勃的子实体直径 4～6 厘米，棒状，白色，老时变成棕色。覆盖有金字塔形的刺儿，周围是一圈小刺儿，擦掉后形成网眼状图案。当菌肉切成两半后，呈白色时，才能吃，但味道并不是特别好；老了之后，呈现黄色到橄榄棕色，这时就不能吃了。它丛生于树林中或牧场上，六月到十一月是它的生长季节。

菌肉也很多。成熟后里面的菌肉会变成黑色，当外皮裂开时，黑色的孢子就会出来。它不可能与大秃马勃混淆，因为大秃马勃是纯白色，要大得多，而黄硬皮马勃的最大直径只有 10 厘米。小的食用马勃大小与黄硬皮马勃相似，但是呈现梨形或棒形，而不是球形。它也不可能和松露混淆，因为松露是长在地下的，而黄硬皮马勃是长在地面上的。

生长地点和季节：与树木共生于沙质土壤中，夏天到秋天是它的生长季节。

梨形马勃

如何采摘、清洗和烹饪

检查马勃的质量时，可以轻拍一下。如果声音很沉闷，它就能吃，如果是乒乓的声音，说明这只马勃太老了。把大马勃提起来的时候，你可以看到数百个孢子飞出来。马勃的表面上如果有泥土和草，可以擦洗一下，然后把根部修剪一下即可。还有些小的种类也是如此。

马勃可以切成片，煎着吃或烤着吃，也可以做汤。它不适合干燥，但可以切片、切丁，然后腌渍。未成熟的马勃可以和其他野生菌一起炒。在意大利，马勃

的烹饪方法和牛肉片相似。记住，小马勃只有在菌肉呈白色的时候才能吃。

黄硬皮马勃

当你看到黄硬皮马勃的时候，千万不要把它当作马勃或松露来采。虽然它不含致命毒素，但是食用后会引起肠胃不适。

形态特征

黄硬皮马勃到处生长，可以单生，也可以丛生。它未成熟的时候很诱人，

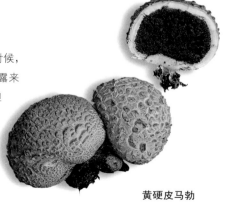

黄硬皮马勃

硬柄小皮伞

有很多野生菌和硬柄小皮伞相似，但这些野生菌不是环生的，而且有毒，不能吃。

硬柄小皮伞

硬柄小皮伞也叫作仙人圈香菇，在这一科中自成一族。采硬

柄小皮伞，要跪下来，沿着圆圈走。因为，它和黄皮口蘑、水粉杯伞、四孢蘑菇一样，都是沿着圆圈生长的。在古代的神话里面，这种野生菌是长在仙女跳圆舞的地方，所以叫作仙环；而意大利

人认为，这种野生菌是长在巫婆跳圆舞的地方……

硬柄小皮伞是一种很好吃的野生菌，可以用它来做一顿饭。它长在草丛里，菌丝体会让草丛的颜色变成深绿色。

它可能会和很多其他的野生菌混淆，比如有毒的环带杯伞。最重要的区别是它的排列方式。硬柄小皮伞沿着半圆或圆圈排列，很有规则，其他的野生菌排列不规则。

形态特征

菌盖： 直径 1～6 厘米，未成熟的时候凸起，呈铃状，之后变成乳头状，中心有节。从乳白色到褐色，越向中心颜色越暗。干燥后颜色变淡，当天气潮湿时，颜色就会变深。

菌褶： 与菌盖同色，延生，排列不紧密，不规则。孢子印呈白色。

菌柄： 细长，实心，与菌盖大小不成比例。高 4～6 厘米，直径 2～3 毫米。不能吃。

菌肉： 初呈乳白色，后呈淡

硬柄小皮伞

形态特征

菌盖：直径 3~4 厘米，有弹性，但菌肉不太多。扁平，中心部位有凹陷，暗白色，偶尔呈乳头状，和硬柄小皮伞相似。

菌褶：很紧密，向下延伸，呈白色，有淡粉红色的斑点。孢子印呈现白色。

菌柄：高度和直径大致相同，纤维化，呈圆柱形，笔直。

菌肉：苍白色，汁水较多。闻起来有青草的气味，但味道不明显。

生长地点和季节：生长在沙质土壤或草地上，也生长在公园或花园里。从夏季到秋季都是它的生长季节。

褐色或白色，气味很好闻，味道香甜。

生长地点：经常沿圆圈丛生于草地上、公园中、未耕过的田野上，很容易辨认。

生长季节：春天到夏天。

如何采摘、烹饪和清洗

用尖刀把菌盖下面的菌柄切去，因为菌柄不好吃。千万不要用水洗，只需要轻轻地刷一下。刚下过雨的时候，它会吸饱水，所以不要采。你到市场买的时候，要注意：为了增加重量，它们常常会被注水。这种野生菌很好吃，在适宜的条件下，可以保存几天。它可以炖着吃、焖着吃、炒着吃，也可以用来点缀鱼、肉。它也可以和其他菌类一起做成沙司或沙拉。但不建议保藏或冷冻。它很容易干燥，在水中能很快复原。

环带杯伞混淆，但这两种野生菌的生长地点和生长季节都不同。环带杯伞的生长季节是在夏天到秋天，也是环生的。它在加拿大很常见。

环带杯伞

硬柄小皮伞可能会和致命的

环带杯伞

干羊肚菌在英国每千克要卖到 200 英镑，但它值这些钱，因为它可以做出一道道鲜美的菜肴。

尖顶羊肚菌

尖顶羊肚菌和圆形羊肚菌备受关注，并不是任何时候都能买到，而且价格很昂贵。羊肚菌和松露一样，属于子囊菌，没有菌褶，也没有菌孔，菌盖上有蜂窝状的小坑，孢子就产生在这些坑中。春天，羊肚菌是第一个出来的，在气候温和时，羊肚菌会在三月下旬出现。意大利、法国、瑞士、美国中西部、中国西藏和克什米尔地区，冬季寒冷、夏季炎热，春秋季温和，非常适合羊肚菌的生长。当羊肚菌出来的时候，美国明尼苏达州的人还会过一个节日，叫作羊肚菌节，以迎接这种备受关注的野生菌。

在二十世纪九十年代中期，在离尼泊尔的首都加德满都不远的地方，有位朋友主持了一个慈善活动，问我是否想买羊肚菌。那些羊肚菌是由当地的居民采摘、干燥后，低价卖给一个印度的中间商的，卖得最多的时候卖掉了有 7000 只之多。我说，我很想买，我愿意付出比那位中间商更昂贵的价格。结果，我收到了大约 120 千克的干羊肚菌，装满了五个锡制容器。结果，村民们从我这里赚到了很多钱，后来加德满都重新选举市长，这些钱派上

了大用场。这段经历令我终生难忘，有朝一日，我想亲自去看看那个村庄，村民们还在盼着我去看他们呢。我打算等到宁静的日子，再去看他们。

小时候，我住在卡斯泰尔诺沃贝尔博地区。有一次我在大藤条中找到了一些尖顶羊肚菌。我拿回家时，我母亲和兄弟们仔细地观察了这些野生菌，看看是不是真正的羊肚菌。尖顶羊肚菌和有毒的鹿花菌，有经验的人一眼就能看出来。鹿花菌也是在春天出

来的，但是羊肚菌的菌盖是对称的，而鹿花菌的菌盖是裂片状的。

尖顶羊肚菌和圆形羊肚菌都是最好吃的食用菌。它们的形状、颜色和大小略有不同，但性质是相同的。如果把羊肚菌纵向切开，会发现菌盖和菌柄长在一起，形成一个完整的菌体。

形态特征

菌盖： 由很多杯状的凹陷组成，看上去像不规则的多孔的海绵状。内部是子囊，即微小的囊

尖顶羊肚菌

状体，里面产生孢子。呈圆锥形，颜色呈深棕色，老时变深，凹陷的排列很有规则，是纵向的。直径达 5 厘米，高度达 10 厘米。

菌柄：暗白色，呈圆柱形，中空，基部略微突出。直径达 3 厘米，高达 5 厘米。

菌肉：菌盖上的菌肉呈淡棕色，菌柄呈现白色，菌盖和菌柄都很软，易破碎，但是菌肉很脆，湿乎乎的。我认为这种野生菌的烹饪价值主要在于外观和质地，而不是气味和味道。

生长地点：生长在白垩的沙质土壤中，它经常丛生于灌木丛中、河岸上、牧场上、果园里和荒漠中。奇怪的是，它在烧焦的地面上也能生长。几年前，普罗旺斯人正是利用了这一特点，故意把树林放火烧了，希望来年春天能看到烧焦的地面上长出羊肚菌。他们的确看到了！

生长季节：三月下旬到五月。当寒冷的冬天过后，温暖的春天来到时，就会出现羊肚菌。在山区，当冰雪融化后，羊肚菌就出来了。

圆形羊肚菌

圆形羊肚菌

圆形羊肚菌的菌盖和尖顶羊肚菌相同，但是更圆一些，凹陷是不规则排列的，起初呈乳黄色，老时呈现淡褐色或浅棕色。它比尖顶羊肚菌大一些，高达 15 厘米。菌柄呈暗白色，和尖顶羊肚菌相似，直径可以达到 5 厘米，高度能达到 9 厘米。看起来像海绵一样，但松脆硬实，菌肉的颜色比表面的颜色淡一些。它的菌肉、生长地点和季节均与尖顶羊肚菌相似。

如何采摘、清洗和烹饪

用尖刀切去羊肚菌的基部。它一般不会生虫，但是内部可能会有虫子和其他杂质。采它的时候，尽量要保持干净。当把基部切去之后，再放进篮子，沙子就不会进入菌盖的凹陷中了。如果沙子真的进去了，可能需要仔细清洗一下。我不建议你用水洗，用刷子刷一下就可以了，实在太脏的话，再用水洗。

我描述这种野生菌的时候用了很多"最"字，因为它确实是最好吃的食用菌。它可以和任何食物搭配，但是一定要熟食，如果生吃，可能有些人不容易消化吸收，甚至会产生毒素。鹅肝酱和羊肚菌是绝配，也可以把它炒一下，放在鸡蛋、汤、烩饭和意大利面条中。在芬兰，它们常常和鹿肉烧在一起吃。这种野生菌

圆形羊肚菌

干燥后能很快复原，其用法和鲜羊肚菌完全一样。需要在温水中浸泡 20 分钟，菌柄的基部要切去，沙子也要过滤掉。羊肚菌可以放在水中消毒，也可以腌渍或冷冻。最好用鲜羊肚菌。虽然干的尖顶羊肚菌很昂贵，但它们在商店里的售卖数量有增多趋势，如果你自己采摘不到，可以在商店里买到。

鹿花菌

鹿花菌和羊肚菌的区别在于菌盖的形状。鹿花菌的菌盖是裂片状的，而羊肚菌的菌盖有凹陷，而且是对称的。因为它的拉丁学

鹿花菌

名叫作食用菌，一些欧洲人认为它是可以吃的，他们把它完全煮沸或干燥后再吃，但是偶尔会发生中毒现象。生吃时，鹿花菌毒性很大，所以尽量不要冒险去吃它。

形态特征

菌盖： 由沟回和裂片组成，有时呈现不规则形状。颜色从淡棕色到深棕色。

菌柄： 中空，通常呈白色，一般高 7 厘米，直径 2.4 厘米。有时高度可以达到 12 厘米，在美国可以达到 20 ~ 30 厘米的高度。

生长地点和季节： 单生或丛生于针叶树下，但有时生长于硬木下。春天是它的生长季节。

平菇

平菇我们大家都很熟悉，是一种野生菌，也可人工栽培。去野外寻找它们是一件很享受的事情，因为它们生长在景色秀丽的地方。

平菇

平菇又称蚝蘑，因为它的形状像牡蛎，颜色呈灰蓝色。它是一种可以人工栽培的菌，可以在超市里买到。我喜欢野生的平菇，因为它的味道比较浓一些。

它的近亲美味侧耳，形状和灰喇叭菌相似。这两种野生菌的形状和颜色都不相同，我特意把它们放在一起，是因为它们的特点和烹饪用途都是相似的。这是一种寄生菌，会穿破树皮，向下生长，吸收树上的养分，最后整棵树都会腐烂，变成废物。有些野生菌也可以生长在树桩上，但是它们不能吃，甚至是有毒的，

所以要注意鉴别。

形态特征

菌盖：扁圆形，侧生，像贝壳或舌头。上表面呈蓝灰色，成熟后呈淡棕色，也有的从淡奶油色到榛子色。皮有光泽，直径达 16 厘米。

菌褶：淡奶油色，不紧密，延生。孢子印呈丁香色。

菌柄：偏生或侧生，几乎无菌柄。

菌肉：小平菇的菌肉呈白色，柔软，成熟后变坚硬。味道不明显。

生长地点：属于寄生菌，从倒下或腐烂的树木上（大多数是山毛榉上）吸取营养，常见于公园或乡村。经常隐藏在草丛或荨麻中，因此记得要带个棍子，拨开草丛，才能找到它。

生长季节：温暖的初夏到初霜是它的生长季节。我还在十二月找到过一些平菇。

美味侧耳

美味侧耳呈漏斗形，是直立生长的，不是侧生的。它的菌柄比平菇明显，当子实体丛生时，菌柄高达 20 厘米。菌盖呈圆形，中心凹下，呈羊角形。顶部的颜色根据生长地点，呈现出白色到淡棕色，菌肉呈白色，孢子印呈

美味侧耳

紫色。生长地点和平菇相同，偏爱橡树和榆树。菌盖上看不出任何问题，但是最好切开来，看看它有没有生蛆。

如何采摘、清洗和烹饪

把侧耳从树上切下来。仔细观察大侧耳，如果菌柄上生了蛆，就把它切去，只留下菌盖。菌柄老的时候，会变硬。

侧耳的烹饪价值不是很高，但是人工栽培的侧耳，可以让菜肴变得更美味。它可以放在大蒜和黄油中炒一下，也可以蘸上鸡蛋液和面包屑，再放在油里煎，还可以做汤。保藏时，要先放在醋里腌渍，再放入装有橄榄油的瓶中封存。如果侧耳的大小不是很小的话，它干燥或冻干后会变得很硬，味道也不好。

买人工培育的侧耳时，选择小一点的（除非很小），因为它们的水分会少一些。

大型亚灰树花菌

大型亚灰树花菌

大型亚灰树花菌，菌盖下面有很多孔，称为多孔菌。它是一种很大的野生菌。和肝色牛排菌相似，区别在于，它是长在树桩上的，而肝色牛排菌是长在树干上的。我在山毛榉的根部也找到过一个。它长有很多大的裂片，一只大型亚灰树花菌可重达80千克！因为它太大，我在搬运它时很麻烦。采集这种野生菌，主要是用来装饰，而不是食用。只有小时候才能吃，长大后，呈纤维状，不能吃。很多菌书上说它不能吃，可能是因为它太硬了，但它并没有毒，我认为它很好吃。

形态特征

菌盖：大型亚灰树花菌由扁圆形的裂片组成，大菌柄牢牢地长在树上。它在未成熟的时候，裂片会渗出褐色的液体，你应该在这时采摘。然后裂片变薄，变大，木质。菌盖有同心圆，呈深褐色，边缘颜色要浅一些。

菌孔：位于裂片以下，当菌盖成熟后，在地上可以看到铁锈色的孢子。孢子印呈白色。

菌柄：很硬，不能吃，牢牢地长在树的根部。

菌肉：呈淡奶油色。切开菌肉后，可以看到它由很多纤维组成，纤维排列紧密。有野生菌味道，微酸，但是烧熟后酸味就会消失。表面触摸后会褪色，变成黑色的条纹。

亚灰树花菌只有未成熟的时候才能吃，长大后，会变得巨大，就不能吃了。2002年10月，我和摄影师发现了一个大的亚灰树花菌，估计有60千克重！我们发现它的时候，它刚过了食用期。

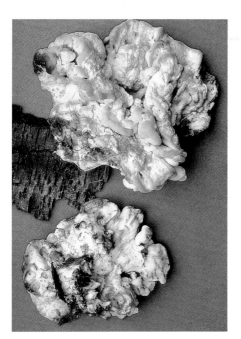

大型亚灰树花菌

生长地点：长在山毛榉、橡树等大树的树桩的根部，丛生，从一根附着在木头上的大菌柄上长出来。

生长季节：七月到十月。

宽鳞多孔菌

宽鳞多孔菌上有很多鳞片，其表皮有很多同心圆，呈现褐色和奶油色，两种颜色相间。菌盖下部呈奶油色，老时呈现棕色。因为这种野生菌的形状像马鞍，所以英文名字叫作"马鞍菌"。一次我们要去参加一个意大利使馆举办的招待会，把车停在了贝尔格雷夫广场，我的妻子注意到广

场旁边的一棵槭树上面，挂着一个宽鳞多孔菌。真遗憾，我没能采到它！

宽鳞多孔菌和其他的多孔菌一样，只有未成熟的时候才能吃。老的时候，它会变得像皮革一样，木质，纤维化。菌盖呈扁圆形，直径60厘米以上。颜色呈深黄色，有棕色鳞片，排列成不规则的圆形。它的外面非常厚，越到中心部分越厚。菌柄很短，基部有黑色皮，紧紧附着在树上，采集时需将它从树上切下来。菌孔呈白色，紧密，然后变成淡黄色，老时颜色变深。菌管长2毫米到1厘米，到菌柄处变短。孢子印呈白色。菌肉发白，纤维状，老时变得坚硬，不能吃。有黄瓜气味，烧熟后有香味。它丛生在倒下或死去的树上，最终将这些树木变成腐

殖质。有时也单生。生长季节是春天到夏天，很少在秋天生长。

这种野生菌现在已经可以人工培育。

如何采摘、烹饪和清洗

菌柄要用小刀子或锯子切下来，刷干净，再放入篮子。因为它们本身味道比较淡，所以绝不是美食家的第一选择，但小而嫩的时候很好吃。在烹饪它们的时候，最好与其他菌类烧在一起。大型亚灰树花菌拿在手上时会变成黑色，你的手也会变成黑色，只需用盐和柠檬汁洗手即可。亚灰树花菌嫩时很好吃，可以炖、煎或炒，也可以腌渍，但不太适合冷冻，但是这两种多孔菌都能冻干成粉末状，味道极佳，特别适合与香味更浓的菌子一起吃时。

宽鳞多孔菌

绿菇

本节给大家介绍四种红菇，有两种是好吃的，还有两种毒性很大。其他的红菇，大小、颜色各不相同，性质差异很大。

绿菇

绿菇学名变绿红菇，这是所有的红菇中最好吃的一种。西班牙人特别喜欢它，在绿菇的生长季节，你可以在所有的市场中找到。我必须承认我从来没有采过野生红菇，直到现在才注意到红菇。今后我要仔细研究红菇，研究一下哪些红菇是好吃的，哪些红菇是不好吃或有毒的。

形态特征

菌盖：不好看，但多肉，直径5~15厘米，很坚实。略呈半球形，后呈圆形，最后呈扁平形，中间有凹陷，有很大的疣，灰绿色，有斑点和裂纹，底色为白色。

菌褶：排列很紧密，易破碎，呈乳白色，有时略带红棕色。孢子和孢子印都呈白色。

菌柄：很饱满，但疏松，像海绵一样，呈现圆柱形，呈白色或棕色，高2～3厘米。

菌肉：呈白色，有时呈红色，厚而坚实。气味很淡，味道很甜。

生长地点：因地区而异，会长在混合林中或草地上。

生长季节：春末到秋天是它的生长季节。

花盖菇

花盖菇是一种很好吃的红菇，得到了欧洲人的一致好评，但它常常会生蛆。菌盖的直径是5～12厘米，颜色差异很大，有绿色、灰蓝色、紫罗兰色或紫色，经常是这几种颜色混合在一起。和其他红菇不同，它的菌褶摸起来一点儿也不脆，不容易破碎，很软，有弹性。颜色是白色或淡奶油色。孢子印呈白色。菌柄呈纯白色，长约7厘米、宽约1厘米。肉呈白色，味道很淡。它的栖生地是在各种阔叶树下面，从夏天到秋末都是它的生长季节，并且很常见。

如何采摘、烹饪、清洗

用一把快刀切菌柄。因为红菇很脆，所以不要和别的野生菌一起运输：菌褶里面很容易藏灰尘。只要用湿布擦一下就可以了，千万不要用水洗。如果很大，可以切成四块，或者像西班牙人一样，只用菌盖。因为红菇很嫩，所以可以在黄油

花盖菇

毒红菇

蜜黄菇

里炒一下。最好吃新鲜的。

毒红菇

毒红菇的种名来自希腊文，顾名思义，它是有毒的。还有一种红菇叫作南方红菇，是长在山毛榉上的。要特别小心红色的野生菌，尤其是红菇。它们大多数是不能吃的，甚至是有毒的。最好不要去采集它，除非它的菌褶是黄色的（而不是白色的）。

形态特征

菌盖：直径 3 ~ 10 厘米，呈淡樱桃红色或猩红色，中央有浅坑。潮湿时，会变得黏黏糊糊的。

菌褶：排列疏松，最初是白色，之后变淡，呈淡奶油色。孢子印呈白色。

菌柄：长约 7 厘米、宽约 1 厘米，白色，圆柱形，基部略凸起。很软。

菌肉：呈白色。

生长地点和季节：它最典型的栖生地是针叶树下、长有泥炭藓的潮湿地面上。夏天到秋天是它的生长季节。

蜜黄菇

蜜黄菇很好看，很多人认为它是能吃的，但是我个人认为它几乎没有烹饪价值。我放在这里介绍主要是为了说明红菇的种类繁多复杂。它只有鉴赏的价值！蜜黄菇的名字是由希腊文译过来的，意思是"白到赭黄色"。

形态特征

菌盖：直径 8 ~ 12 厘米，颜色从浅黄到赭黄色，有时略呈绿色。

菌柄：长约 7 厘米，宽约 1 厘米，最初呈白色，老时、潮湿时呈现灰色。

菌肉：呈白色，有辣味。

生长地点和季节：生长于阔叶树和针叶树下面，很常见。从夏末到秋天是它的生长季节。

绣球菌

这种奇怪的野生菌，名字非常多，有绣球菌、大脑菌、甘蓝菌、假发菌等，无论它叫什么，这种野生菌都是很好吃的。

绣球菌

每当我在秋季走过松树林时，都会注意树干的基部，因为绣球菌通常会长在这个地方。一个大的绣球菌可以做一顿饭。它的形状像花椰菜，并有很高的烹饪价值。绣球菌在食材店和市场上是买不到的。

绣球菌没有菌盖，只有很多扁平的裂片，菌柄很短，就像片脑纹珊瑚一样，所以又叫大脑菌。子实体长得很快，任何东西都有可能包在菌肉里面。当我切开一个绣球菌时，经常发现肉里面有松树的针叶，甚至小的松果。绣球菌现在正在人工培育中。

形态特征

子实体：通常近球形，大小不一，直径20～50厘米，由不规则的裂片组成，到了中心变得规则。颜色从奶油色到浅红褐色，老时颜色变深。

孢子：呈白色或淡黄色，孢子印颜色发白。

菌肉：易碎，到中心趋于均匀。很好闻，有甜甜的坚果味。

生长地点：单生于针叶林中的树干基部和树桩上。

生长季节：夏末到深秋。

如何采摘、清洗和烹饪

绣球菌的基部要切去。只有乳白色的绣球菌才能采摘。如果绣球菌的颜色发黄，就会变硬，很难消化。切成一段一段的，看有没有灰尘、虫子和杂质。最好洗干净再烹饪，但只需洗一次。

绣球菌的外观、质地和风味都很好，所以烹饪价值很高，无论是煎、冷冻或干燥，或在油中保藏，它都很好吃。鲜绣球菌和干绣球菌都可以做汤，也可以炖着吃，或和其他菌类配在一起吃。当和其他菌类配在一起吃时，会给整道菜增添美感和质感，味道也更好吃。

褐环乳牛肝菌

这种野生菌的名称，在拉丁语里的意思是"猪"。它们通常长在松树下，所以意大利语叫作"松草"。

厚环乳牛肝菌和褐环乳牛肝菌

这两种野生菌的烹饪特点很相似，只是外观不一样，所以我把它们放在一起讲。两种野生菌长在不同类型的针叶树下，表皮很光滑（所以叫褐环乳牛肝菌），所以小心脚下！两种野生菌都不是最好吃的，但都可以和其他菌类炖在一起吃或做汤吃。

这两种野生菌菌盖很黏，我把它归在乳牛肝菌一类。在很多菌书里，它们被列在牛肝菌这一类。它们的形态特征如下：

厚环乳牛肝菌

菌盖：小时呈半球形，下面有菌纱，然后扁平，最大直径达 10 ~ 12 厘米。菌盖长大后，菌纱脱落，菌柄上留下淡黄色菌环。表皮有谷蛋白，潮湿时胶黏，干燥时光滑。黄橙色，后呈淡黄色。

菌孔：像海绵一样，吸收水分，呈柠檬黄色，微微向下延伸。孢子印呈现橄榄棕色。

菌柄：位于浅黄色菌环的上部，呈金黄色，下部呈深黄色，有淡棕色图案。最大直径可以长到 3 厘米，高可达到 10 厘米。

菌肉：软而嫩，从柠檬色到铬黄色，无明显的气味和味道。

生长地点：在落叶松下单生或丛生。

生长季节：从夏天到晚秋。

厚环乳牛肝菌

褐环乳牛肝菌

褐环乳牛肝菌的菌盖和厚环乳牛肝菌一样，只是颜色不同，呈巧克力色，后呈棕色或紫色。菌孔像海绵一样，呈淡黄色，附着在菌盖上。孢子印呈赭褐色。菌柄和厚环乳牛肝菌一样高，在菌的上方，和菌孔同色，下部呈黄棕色到棕色。肉很软嫩，呈淡黄色到白色。没有明显的气味和味道。通常在小路或河岸上单生或群生，常常与苏格兰松树共生，季节是从夏季到晚秋。还有一种乳牛肝菌和褐环乳牛肝菌相似，叫作点柄乳牛肝菌。比褐环乳牛肝菌的菌孔大一些，生长地点也相似，虽然没有毒，但不是很好吃。另有一种野生菌，叫作乳牛肝菌。这两种乳牛肝菌的生长季节都是春末到秋季。

如何采摘、清洗和烹饪

用尖刀把菌柄从中间纵向切开。乳牛肝菌的菌盖很黏，沙砾、树叶、松树的针叶等一接触菌盖，就会黏在上面，所以我建议你把表皮和菌环拿掉。乳牛肝菌一般不容易生蛆。它们的味道不浓烈，水分也不多，所以不太受欢迎。它们不易保藏，煮熟后可以冷冻，但不适合干燥或冻干，菌肉像海绵一样，不适合腌渍。在乳牛肝菌的生长季节，可以大啖美味。它们可以单独烧，也可以和其他菌类一起烧；可以做成汤，也可以炖着吃。

口蘑和丝盖伞，虽然生长地点不一样，也不属于同一类，但是仍然有不少人会分不清楚，所以我把它们放在一起介绍。

口蘑

口蘑是野生菌生长季节里最早出现的菌类之一。在英国，口蘑被称为"圣乔治菌"，因为它经常出现在圣乔治日即 4 月 23 日前后，但其他季节也有。在意大利，它出现在三月份，所以叫作"三月菌"。德国人管它叫作"五月菌"，因为人们期待它出现在五月，但它也出现在其他季节。这

口蘑

种野生菌在意大利很受欢迎。它长在阿尔卑斯山的山脚下，葱葱茏茏的牧场里。

它也很受我的欢迎。有一次我在节食，肚子太饿了，很想吃东西。于是，我采了一篮口蘑，生吃了大约 225 克，吃下去后肚子就不饿了，但我的体重一点也

没增加！

和硬柄小皮伞一样，这种野生菌也是环生的，菌丝体在土壤下面，呈圆形排列，每年移动 2 厘米。长口蘑的地方，草的颜色会深一些，也会高一些，这就是寻找口蘑的线索。

形态特征

菌盖：紧密，呈暗白色，有时裂开，宽可达 5 ~ 15 厘米。

菌褶：密生，呈白色。孢子印呈白色。

菌柄：下部膨大，到菌盖位置逐渐变细，老了时也会变细，呈现白色，长 2~4 厘米，宽 1~2.5 厘米。

菌肉：松软，密实，呈暗白色，味道像黄瓜一样，但不是很浓。

生长地点：最好的生长地点是未经开垦的田野和草地上，也会长在跑道上、公园里或路边。所以要寻找绿色的、葱茏的草地。

生长季节：四五月。它容易吸水，吸水后颜色变得稍深。应该在天气干燥时采摘。

如何采摘、清洗和烹饪

切去菌柄的基部后，把土壤和草刷干净，再放入篮子里。里面不应该有虫子。把菌柄的基部修剪掉后，可以切片，也可以不切，再放在黄油或橄榄油里，加上一点大蒜、欧芹和细洋葱，煸炒一下，它可以用在意大利沙司中，也可以做成沙拉或腌渍。在市场上经常可以找到口蘑，这些

口蘑是从罗马尼亚、匈牙利和土耳其进口的。

变红丝盖伞

变红丝盖伞

变红丝盖伞有剧毒，不能采摘。它不仅和口蘑相似，也和未成熟的四孢蘑菇相似。但是，菌盖老时会变红、变长、变闪亮。虽然它是和树共生的，但人们仍然把它和食用菌搞混，主要是因为它们的生长季节很相似。所以要小心。

形态特征

菌盖：直径 2.5~8 厘米，颜色从发白到奶油色，最后变成微红色。

菌褶：紧密，老时略松，呈白色。孢子印呈白色。

菌柄：长 4~6 厘米，紫红色，圆柱形，直而强壮，有细丝。基部呈球状，白色，后呈粉红色。

菌肉：呈白色，小时有很难闻的气味，但放在嘴里有甜甜的味道，老时味道恶臭。

生长地点和季节：在混合林（通常是落叶林中），沿着小路生长，在公园里也可以见到它。生长季节是五月到七月。

世界上有很多国家都产松露，如美国、新西兰和中国等。但是只有这三种珍贵的松露烹饪价值很高，它们分别是白松露、黑松露和夏松露。

白松露、黑松露 和夏松露

一位专业的松露猎人，只有当他确定他要去的地方没有人知道时，才会带上别人一起去。在我七八岁的时候，我父亲的朋友吉奥瓦宁叔叔就提出要带我去找松露，那时的我还不认识路。吉奥瓦宁叔叔穿着大橡胶靴和打猎穿的衣服，衣服上有一个大口袋。他带着一根棍子，一把铲子，还有一只小狗，名字叫作费多。

十一月的树林里，光秃秃的树枝伸向迷雾中，给树林增加了一些神秘的色彩。突然费多激动起来，上下跑动，鼻子贴在地上像尘器一样，寻找松露的香味。突然，它停了下来，用爪子抓地面，原来，费多找到了松露。吉奥瓦宁叔叔温和地把狗推向一边，用铲子挖了一个小洞，挖出了一颗上等的白松露。他把松露的泥土刷干净，放在口袋里，赏给了费多一块小饼干。

有一次，吉奥瓦宁叔叔给我一颗松露让我带回家，从此以后，我就对松露着迷了。我把松露叫作"上帝、国王和猪的食物"。一些松露包含一种激素，和公猪的性荷尔蒙相似，松露越成熟，味

道越浓，越吸引母猪。古罗马人都用猪找松露，但是猪常常会把松露吃掉。现在人们找松露用的是猎狗，猎狗训练有素，能够克制住松露的诱惑。

现在松露的神秘面纱还没有完全揭开。虽然法国和意大利用孢子培育出了黑松露，但是只有自然界才能长出让人趋之若鹜的黑松露。因为这种培育是很困难的，需要注意很多方面，所以松露的价格仍然很高。有一次我在电视上给人们讲了培育松露的创新技术，用我的专业知识来评价一种瑞士的人工合成的黑松露。我仔细地研究了一下这种松露，得出了一个结论：他们这种人工培育的松露是失败的，因为它软软的，没有任何气味和味道，只能用来点缀鹅肝酱。

布里亚·萨瓦兰管黑松露叫作"黑色的钻石"，可以"让女人更嫩白，男人更愉快"。在历史上，人们认为松露能够激发性欲。而且松露有一种奇妙的美味，这种美味是你无法形容的。我个人认为，因为松露质量非常高，又非常稀少，所以价钱就会这样贵。奇妙的美味，有时无法形容，这个事实古已有之，不但是松露，其他异国风味的食物也是

如此。

世界上有不同种类的松露，其中三种是最好吃的：阿尔巴白松露、佩里戈尔黑松露和夏松露。阿尔巴白松露的气味很浓烈。有一次，我接到一个电话，是海关与消费税局局长从希思罗机场打来的，他告诉我说，从都灵寄给我的一包食物疑似"已经变质"。他们没有想到这是白松露的气味，还以为是食物变质了。我去拿包裹时，警署的狗闻到这种气味，似乎也有些不舒服。

还有一次，我妻子的一个同事从沙特阿拉伯给我带来一大袋白松露。看到这些松露，我的心为之一动，再仔细一看，我失望了——虽然这些松露受到当地人的一致好评，但我认为根本没有什么味道！并非一切闪光的东西都是金子。现在市场上的松露都来自中国，不太受欢迎。

松露和羊肚菌一样，是一种子囊菌，子实体呈圆形，在地下生长，和特定的树共生。菌丝体在菌肉中，像细细的血管，而孢子囊在菌肉的深处。孢子成熟后，味道非常香，能够吸引动物，动物会把子实体挖出来吃，孢子落下后，就散布各处。值得注意的是，苍蝇在松露上面产卵时，可以把孢子散布在它的身体上，虫卵孵化成蛆之后，蛆在松露里面移动，会释放出孢子。我从来没看见苍蝇在松露的上面飞舞，但这种情况一定是有的。

阿尔巴白松露

阿尔巴白松露在意大利，与橡树、榛树、杨树、山毛榉共生，最好的松露来自皮埃蒙特大区的阿尔巴镇，故名"阿尔巴松露"。其他地区，如马尔凯、艾米利亚－罗马涅区、翁布里亚大区和卡拉布里亚大区，也产白松露，但这些地区的白松露味道难闻。

它的形状不规则，像土豆一样，表皮光滑，从乳黄色到淡红褐色；肉从

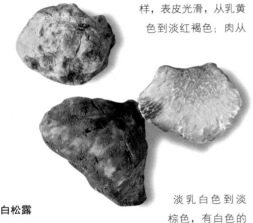

白松露

淡乳白色到淡棕色，有白色的网纹。菌肉很坚实、硬而脆——如果掉在硬地板上会破碎。这种松露的直径可以达到 12 厘米，最重的可达 500 克，但大多数松露的重量为 30 ~ 50 克。生长季节是九月末，最佳收获季节是十一月。假设土壤不冻结，这些松露可以长到一月末。即使白松露长在地下 50 厘米深的地方，一只训练有素的猎狗也可以从 50 米远的地方闻出它的香味。有人曾经尝试过人工培育白松露，以便在市场上销售，然而失败了。

有一回，我在餐厅里拿着一大盘白松露。一位顾客和他的客人吃完一顿美味的午饭，走的时候问我这是什么。"是松露。"我回答，一位客人迅速地拿了一个，塞到了嘴里。他的脸上露出了花一样的笑容，因为白松露的味道和白巧克力的味道完全不一样。而我克制着，没告诉他，他吃了我 80 英镑的松露。

黑松露

最名贵的黑松露产于法国的佩里戈尔地区，但是普罗旺斯、翁布里亚大区的斯波莱托和马尔凯大区的诺尔恰也能找到。因为这种松露仅产于法国，所以法国人认为它是世界上最好的。这在某种程度上说，会使法国和意大利的关系陷入危机，因为意大利人认为白松露才是最香的、最珍贵的。它生长在十一月中旬到三月，和橡树共生：小树的树根布

黑松露

满了孢子，因此法国和意大利上述地区一直有黑松露供应。黑松露的子实体呈不规则的圆形，表皮粗糙呈黑色，有很多多边形的肉棱。菌肉坚实而脆，有好闻的气味。边缘是棕色的，有白色的纹路，当烧熟后肉变黑，纹路也就随之消失。最大的直径可以达 7 厘米，重 40~50 克。很少能长到 100 克。

夏松露

夏松露的生长季节通常是六月到十一月，但是冬天也能生长。它和黑松露在外观上相同，但是表皮覆盖着金字塔形的黑刺。菌

夏松露

肉呈棕色，有白色网纹，味道很好闻，烧熟后白色网纹就会消失。圆形，直径 3~4 厘米，重量可以达到 20~30 克。在英国，它生长在白垩土壤中，常常与山毛榉共生。找这种松露时，不需要用猎狗，只要地上露出一点松露皮，就能找到了。詹妮·霍尔最走运，她在多佛，在自己的花园里，橡树底下，已经发现了 150 个夏松露。

如何采摘、清洗、烹饪

我们很少能找到可以采摘的松露。夏松露在地面上可以找到，而黑松露和白松露是埋藏在地下的，寻找它的时候要用猎狗。猎狗能闻到松露的味道，并把松露挖出来。我曾经沿着猎狗的脚印，找到过一些松露。

在松露季节，你可以在我的餐厅发现我在认真地清洗松露。我之所以不让别人洗，是为了避免浪费。白松露我是不用水洗的，只用几把带鬃毛的小刷子刷干净。它可以烧熟了吃，但通常生吃。考虑到价格比较贵，我更喜欢用曼陀林刨花，放在意大利面条、意大利肉汁烩饭、沙拉等食物的上面。你买的时候需要特别注意，一定要买没有泥土的松露。2002 年，松露价格每克要卖到 3 英镑！

白松露很好吃，采集后最多只可以保存七天。我建议你少买一些，并马上食用。在餐厅里，如果我需要很大的量，我会把它们包裹在一个密封的塑料盒子里，再放入冰箱。不要把松露放在敞开的容器中，否则会出现串味的现象。有一种上等的皮埃蒙特干酪，就添加了白松露刨花。

黑松露比白松露保鲜时间长得多，可放入冰箱中达十四天，带疣的硬皮，先要用水洗，用刷子刷去上面的泥土。它能生吃，也可以在食物上面刨花，但是经

寻找松露

常和熟食（如沙司、鹅肝酱、烤鸟肉）一起吃。不管哪种吃法，都能够保持最佳的味道。

夏松露经常用来点缀一些菜肴，但你可以和松露油放在一起烧，很多饭店都是这样。

如果你要运输松露，把它放在一个密封的容器中，用生米吸收水分，但时间不要放得太长，否则松露会变质。当它变潮湿时，就再也没有用处了。

松露都不能很好地保存。它冷冻或干燥后会变味，如果把它装在一瓶水中，质地依然如初，但也会变味。市售的白松露酱是装在坛子里的，可以用在沙司里，或者涂抹在面包上。一家意大利企业的松露酱可以做到保留松露的自然本质，我用它来做沙司，给沙拉调味。另有一种便宜的松露油，可以和沙拉配在一起，在烤肉之前可以刷在肉上。

人工菌

全世界都在人工培育菌子，但是人工培育出来的菌子，形状、颜色、气味和味道，都和普通的四孢蘑菇不同，所以被称为"异国的菌子"。这些人工菌的培育，起源于远东，后来出口到了西方，所以叫它们"异国的菌子"也未尝不可。

前面讲过，野生菌不仅对抗病治病有着积极的作用，而且是不可多得的美味佳肴。人们自从意识到这一点，就在尝试培育这些菌。有一些菌已经培育成功了。早在公元 600 年，人们就培育出了毛木耳；公元 900 年和 1000 年，先后培育出了香菇和金针菇，这些菌主要用于东方菜系。在西方，法国人于十七世纪初成功培育出第一种菌，叫作双孢蘑菇，后来这种人工育菌技术引进到欧美各国。

在第二次世界大战之后，人工育菌技术突飞猛进，从那个时候起，东西方的菌文化开始融合，人工菌成为我们生活中重要的一部分。

培育这些菌子需要非常精湛的技术。人们建造了很多菌子培育厂，让这些人工菌的质量有保障。每种菌子的生长方式都是不一样的。人工培育的主要任务，就是重建这些菌所需要的生态环境。菌子的子实体，有的长在地下，有的长在树皮上面，有的长在树皮下面，用富含纤维素的果汁，可以制造出多种化合物，用作菌子所需的养料。为了培育出真菌，人们把稻草、锯末、粪便、木片和圆木，先用巴氏灭菌法消毒，然后注入菌孔，让菌子在适宜的条件下生长，最终成熟时就可以手工采摘。这个技术很复杂，而且在不断地改进。

二十年前，我曾经认为人工菌不是正宗的，但现在我的观点已经有了改变。国际美食家已用人工菌做出一道道美味的饭菜。我认为，所有的菌子都很好，但是寻找野生菌更有趣。

◀ 人工培育的侧耳，颜色可能与天然的不同

双孢蘑菇

勒姆对当地出售的英国菌的制备过程评价很高。

大约在近五十年，双孢蘑菇在全世界的产量大大增加，总量达几百万吨。英国、荷兰、意大利、法国、美国和中国是仅有的几个已经掌握了最新的技术并从中受益的国家。

现在用的是特殊的蘑菇"栽培室"，还使用一种特殊的化学肥料或堆肥。在荷兰，这些双孢蘑菇产量很大，每平方米的产量可以达到27千克，可见这些蘑菇的产量之大。

在中国，特别是在南方，双孢蘑菇的产量约占世界供应量的70%，那里的培育者大多数是家族企业。在西方，人们是在大工厂里培育菌子的，这些大工厂的育菌技术相当完善。

双孢蘑菇从堆肥下面长出来，可以在两天内长到2厘米大小（取决于温度和其他条件）。双孢蘑菇经常是新鲜时吃，但也有罐装的。

未开伞时：菌柄高度只有2厘米，菌盖直径3～6厘米，菌环是闭合的，没有菌褶。呈现白色。不要剥皮。

菌盖：开伞之后，高约2.5厘米，菌盖直径约7厘米。开伞后，菌盖的下面有粉红色的菌褶和菌环。

全开伞时：菌盖完全成熟，直径5～7厘米，菌柄不高于3厘米。菌褶变成棕色。

大双孢蘑菇：当双孢蘑菇继续独立生长时，就变成了美国人所谓的"大双孢蘑菇"，菌柄长4～5厘米，宽2～3厘米，菌盖打开，直径12厘米，菌褶呈棕黑色。

如何烹饪

双孢蘑菇有很好闻的气味，味道很甜。不要剥皮。食用方法因菌而异。未开伞的双孢蘑菇，可以生吃，也可以炖着吃、煎着吃、炒着吃，也可以切片后腌渍，或保藏在油中。它可以用在意大利肉汁烩饭中，和干美味牛肝菌一起做熟吃，味道非常浓烈。菌盖阶段的双孢蘑菇，比未开伞的味道浓，因为它们更成熟。它里面可以用各种配料做馅。熟吃比生吃更好吃。它也可以剁成细条，做肉馅或用在沙司中。

完全开伞的双孢蘑菇，可以像菌盖阶段的双孢蘑菇一样切片吃，但最好煎一煎或者烤一下，里面可以放馅，也可以不放。

双孢蘑菇

十七世纪初，法国的瓜农发现，他们的空地上可以种菌。后来他们把它种在洞里，气候、温度和其他条件都可以控制。十九世纪末，在英国巴思，也有产菌的采石场，雷金特王子的主厨卡

毛木耳

据《菌物学》（学术出版社，纽约，1978 年）记载，毛木耳是人类历史上首次人工培育出来的菌种，早在 1400 年前，中国人就已经从野生菌黑木耳中培育出了毛木耳。

毛木耳和黑木耳一样，是一种胶状的野生菌，形状像耳朵一样，颜色从淡棕色到深棕色。直径达 15 厘米，厚达 8 毫米，表面光滑，像天鹅绒，摸起来很软。

在自然界中，黑木耳生长在由多种树木构成的硬木林中，它从树上吸取营养。人工培育它的时候，用的是特殊的原木，甚至木屑，加上一些其他成分。比如

毛木耳

说，让橡树的树干腐烂一两年，放置在一个棚子里。孢子进入棚子中，两年后，整块木头上都会长出毛木耳。这时是它们的收获期，因为木头已经高度腐烂，上面无法再长出毛木耳。

在西方市场，很少有鲜毛木耳出售，但在中国人和日本人开的商店里均有干毛木耳出售。在中国的市场里，卖的毛木耳都是干的，每天都可以买得到。干毛木耳浸水之后，能恢复原来的大小和形状，蛋白质和维生素也不会遭破坏。中国人认为毛木耳能够降低血黏度，可以入药，预防动脉硬化。

如何烹饪

我认为毛木耳并不是特别好吃，但东方人喜欢它的胶质。它可以炖、焖，也可以做汤，但最好不要放在油里煎，因为如果放在油中加热，它会膨胀，发生爆炸现象，造成危险。毛木耳煮过

金针菇（朴蘑）

或焖过之后，可以切成条状，用在沙拉中。

金针菇

大多数的人工菌和野生菌长得很像。但是金针菇就不一样了，野生的

金针菇长在落叶树上，生长季节是冬季到春季。它的菌柄像天鹅绒一样，高达 10 厘米，菌盖黏黏的，从黄色到橙色，直径可以达到 5 厘米。它的生长地点是在北半球温带地区。在日本，它是长在朴树上面的，所以叫作朴蘑。人工培育的金针菇是丛生的，像小的意大利面条，菌盖很小，只有约 5 毫米，菌柄细长，可达 12 厘米。

金针菇有一种很浓的霉味，但放在嘴里有坚果般的甜味。为了保持洁白，培育金针菇的工作是在暗室里进行的。人们把金针菇装在一个大坛子里，坛子里放着消过毒的木屑，还开着一个小孔，小孔里注入真菌的孢子，让小菌柄一直竖直向上长。只需要一周的时间，金针菇就能长出子实体。每 115 克金针菇捆成一捆，包装在玻璃纸里面。

在英国和欧洲的其他地方，人们开始尝试培育金针菇，结果很成功，但是还不能大量生产。

如何烹饪

金针菇通常是生吃，用来点缀沙拉，而我建议把它和深紫色的紫蜡蘑（见第 40 页）一起烧，这样会让你大饱口福。我用金针菇做出了一道日本菜。在日本，金针菇大多数做汤，让汤看起来更鲜美。在意大利，人们常把一丛金针菇包在火腿里，用橄榄油和柠檬汁调味。

硫磺菌

硫磺菌

人们一直在尝试培育硫磺菌（也叫多叶奇果菌），最后成功隔离了硫磺菌的孢子，让它们长在与自然栖生地环境类似的木片和木头上。这方面的专家是日本人，他们很喜爱它的味道和质地，管它叫作"舞茸"。它已经成功培育近十年，年产六万吨。

野生的硫磺菌风味更浓，更加珍贵，但是人工培育的硫磺菌也有其优点，就是不含杂质，不容易生虫。它不仅味道鲜美，有质地，据说还有很多保健功效。

人工培育的硫磺菌比野生菌要小得多。室内培育时，玻璃瓶里装满了木屑和经过处理的锯末，注入菌丝，最后长成菌丝体。60～120天之后，子实体开始生长。为了让硫磺菌持续生长，需要使用大量的玻璃瓶。每2.25～3.2千克木屑，能够生产出225～450克硫磺菌。

硫磺菌可以在室外培育，人们把原木和硬木埋藏在地下，这样产量会更高。如果全世界的老树桩里都注入了硫磺菌，那该多好啊！虽然在室外培育菌子时，比较容易引来虫子，但是硫磺菌不容易受外界的影响。

如何烹饪

在东方菜系里，硫磺菌可以起点缀作用。它可以和鸡蛋一起煎着吃，或者炒着吃（可以放些大蒜或辣椒），做汤吃也很理想。

我通常把它和鱼、肉烧在一起吃。它也可以和意大利面条烧在一起，味道很好。这本菌书中的东方菜系，都可以用它来做食材。它可以代替几乎任何菌类。

猴头菌

猴头菌在美国很流行，也慢慢出现在欧洲市场上，俗称"狮毛菌"。在远东地区，它因防病治病作用而闻名。人们给了它不同的名称，包括"熊头菌""猴头菌""羊头菌"和"绒球菌"，我喜欢"绒球菌"这个名字，因为这种菌子的形状就像绒球一样。它也叫作齿菌（不要与美味齿菌混淆），因为它有许多刺。

它的颜色全白，子实体像毛茸茸的雪球或织得很大的绒球，成熟时可以达到40厘米，颜色由白变黄，再到淡棕色。我是在英国的树林中发现它的，但在欧洲的其余地方、北美、中国和日本也可以见到猴头菌。它生长在死亡的树上，如死亡的核桃树、山毛榉、枫树或其他阔叶树、树桩和圆木上。

猴头菌也可以在室内培育，培育时用聚乙烯塑料袋，装上经过处理的木片和锯末，只需要20天就能成熟，呈现圆形，容易采摘和包装。每2.25千克木屑可以长出450克猴头菌。在日本，它们是用很窄的容器培育的。

中国人已经发现猴头菌有抗

猴头菌

癌、抗衰老作用，用它做成的药片，可以在药房里买到。

如何烹饪

每100克鲜猴头菌中，含有31克蛋白质、4克脂肪、17克碳水化合物，还有其他化学元素和维生素，是一种有营养的食材。

人工培育的猴头菌不需要清洗，只需切成四块。据说它有龙虾或茄子的味道。猴头菌和其他菌类烧在一起（特别是香菇）时，会让你赏心悦目，因为两者的颜色和质地会形成鲜明的对比。

鸿禧菇

鸿禧菇在人工菌中出现得比较晚，深受日本人和中国人的喜爱。

近两百年来，科学家们给它取了不同的名字。一家日本公司管它叫作鸿禧菇。鸿禧菇使我想

起了蜜环菌。野生的鸿禧菇长在各种各样的树上，比如山毛榉、榆树、棉树、柳树、橡树等，常见于亚洲、欧洲和北美洲。

鸿禧菇的人工培育是在玻璃坛子中进行的，坛子里装满了经过处理的木屑和锯末，从一个小孔里长出细长的菌柄和半球形的菌盖。菌盖最初呈灰白色，老时颜色变淡。菌柄长达 6 厘米，是白色的，菌褶也是白色的。菌盖闭合时，很好吃。我认为这就是未来的菌子之一。

如何烹饪

鸿禧菇味道鲜美，质地也不错，可以做成很多有趣的菜肴。用的时候只需把菌柄的基部切去。这种菌子可以配很多食材，用醋腌渍，也可以放在油中保藏。它们可以做出一道开胃菜，也可以煎一下或煮一下，用橄榄油、大蒜和辣椒调味做成沙司，拌意大利面。

香菇

香菇是蜜环菌的远亲，是最好吃的一种人工菌。在大多数中国和日本的餐馆里，它和毛木耳（见第 73 页）一样，是菜单上的主菜。我发现，在西方饭店的菜单上，它偶尔被写成美味牛肝菌，因为菌盖多肉，颜色呈深棕色，质地和美味牛肝菌很相似，只是味道不一样。如果主厨和顾客不

知道什么是美味牛肝菌，往往会把香菇当成美味牛肝菌。

亚洲人很重视培育香菇，因为它不仅能食用，而且有抗癌作用。在日本，它被正式入药。在西方，医药公司和医学界已经开始认识到，一些野生菌和人工菌可能含有对人体有益的成分。为了改进培育的技术，人们花了不少钱。

野生香菇生长在冬季，常见于温带地区，主要生长在山毛榉和橡树上。香菇在日语中叫作"椎茸"，它们常常生长在一种橡树上，所以日语中用"椎"来命名（椎是一种橡树），而"茸"就是菌菇的意思。它的培育是在温暖的房间中进行，在消毒的木屑上，注入真菌的孢子，放入有洞的塑料袋里，让香菇生长。也可以把圆木浸泡在水中，放在室外，让它们萌发出子实体。这种方法

香菇

香菇的培育

被证明更有利于野生香菇的持续生产，每年可以产几百万吨香菇，几乎和双孢蘑菇一样受欢迎。

菌盖的直径可以长到 25 厘米，最初呈半球形，后变大，凸起，之后变扁平。未成熟的香菇呈深棕色，长大后颜色变淡。菌盖卷曲，切片后形成漂亮的形状。当菌盖在空气中自然变干时，就会出现白色的裂缝，日本人认为这样的香菇烹饪价值极高。菌褶白色，密生，老时排列不规则，摩擦后呈浅棕色。孢子呈白色，菌柄坚硬，通常是不吃的。

在大多数超市和熟食店都可以买到鲜香菇，但中国人更喜欢干香菇，这种干香菇也可以在超

市里买到。干香菇在水中能复原，味道极好。

如何烹饪

当食谱中需要用人工菌时，我会用香菇。香菇和黑木耳是绝配。它可以煎、炖、焖，也可以做汤。我曾经把它放在醋中腌渍，结果也很成功。试试看吧！

紫丁香蘑

"木质假面状口蘑"是紫丁香蘑的英文名字，不管是野生菌还是人工菌都叫这个名字，但是野生菌的颜色比人工菌要深得多，最初为深紫罗兰色，之后变淡，呈紫褐色。这种颜色在菌子中少见。

在我的饭店里，经常用到紫丁香蘑。它在法国、荷兰和英国都有培育，很容易生长。野生的紫丁香蘑长在木屑中，或者长在针叶的中间，甚至长在有机肥堆中。培育的时候，人们注入处理过的马粪和稻草肥料，在黑暗的环境下放 25 ~ 60 天。在两个星期之内就会萌发出子实体。然后在 24 ~ 52 个星期内，紫丁香蘑每 10 ~ 14 天生长一次。

紫丁香蘑有菌褶，还有形状不规则的菌盖。菌柄的基部很大，纹理结构干燥。当新鲜时，整朵紫丁香蘑呈紫罗兰色，老时颜色变淡，但菌柄一直是紫罗兰色的。

紫丁香蘑

如何烹饪

紫丁香蘑的味道非常淡，所以要和其他菌类一起炒。它可以用来做沙司，也可以放在面包屑中，用油煎着吃。

滑菇

和金针菇（朴蘑）相似，滑菇据说也能耐寒。野生的滑菇长在橡树和山毛榉上，常见于中国北方凉爽的地区、中国台湾以及日本北部的岛屿。在欧洲和北美洲则不太常见。

人们发现滑菇能够分解硬木，在室外进行人工培育时，先把橡树、山毛榉、杨树的圆木埋藏在地下，然后注入滑菇的孢子。培育它的时候，湿度要高一些，但温度不要太高。滑菇是丛生的，当菌柄高 5～8 厘米，菌盖直径达 3～10 厘米时，即可采摘。

在日本，滑菇受到了美食家的一致好评，仅次于松茸、香菇和金针菇。在西方世界，滑菇并不怎么受欢迎，因为它的菌盖上面有一层黏滑的污垢。滑菇成熟时，这种污垢依然存在，但一烧熟就消失了。我希望有一天我们欧美人能更加欣赏它，因为它的质地和口味都很好。我饭店里的滑菇，是内田先生从东京给我带回来的，我用它来做滑菇味噌汤。

滑菇

如何烹饪

日本人把滑菇用在汤里面，不仅仅可以起点缀作用，而且可以让汤的味道更鲜美。在中国的超市里也可以看到滑菇，它是保存在塑料袋中的。除了做汤之外，滑菇还可以炖着吃。

侧耳

侧耳是人工菌中最常见的，因为它相当容易生长，所以培植范围很广，很多人在培植菌类时都拿它来试试手。侧耳有四种，都是由野生的平菇培育出来的。野生的平菇都是丛生的，生长在硬木上和其他腐烂的树木上。这四种侧耳在任何地方都可以得到养分，当人们发现侧耳的产量很高时，立刻人工栽培了侧耳。因为它有丰富的蛋白质和维生素，所以可以用作饥民的食粮。

侧耳的人工培育是在容器中进行的，用的是消过毒的木头和稻草。侧耳的繁殖，可以用锯末、谷类、稻草、玉米、玉米穗、咖啡渣、香蕉叶、棉籽壳、大豆浆、纸和其他多种含汁水和纤维素的物质来繁殖。侧耳成熟后，剩下的堆肥可以做其他用途，比如用作动物饲料。这种人工菌不会生虫，也不会生蛆，因为它的培育条件非常卫生。

金顶侧耳

金顶侧耳颜色鲜黄，又嫩又脆。烧熟后有坚果味道。它是由美味侧耳培育出来的，呈漏斗形，白色，菌褶很长，原产于中国的亚热带地区和日本的南部。孢子呈淡粉红色，多肉的菌盖可以长成舌状，直径可以达到 10 厘米。

红侧耳

红侧耳也叫"鲑鱼蚝""草莓牡蛎"和"火烈鸟蘑菇"，颜色鲜红，长大后褪色，但仍然很吸引人。它的生长和金顶侧耳相似，但菌物学家仍然在探究它的进化过程。野生的红侧耳，常见于泰国、新加坡、斯里兰卡和马来西亚。在聚乙烯塑料袋中放入消过毒的化合物——这在上面已经提到过了，再注入菌丝体，就可以培育出红侧耳了。

平菇

西西里岛农民塞尔瓦托·泰拉奇纳说，他采集的最大的平菇有 19 千克重，这听起来几乎难以置信，但是，这是真的！

平菇的培育是在控制环境的室内进行的。在聚乙烯塑料袋中充满处理过的稻草和木屑，然后平菇会向塑料袋外生长。人工培育的平菇的气味、味道和野生平菇略有不同，但是仍然很鲜美，能做出一道道好菜。从超市和商店买来的平菇，菌柄的基部已切去，露出白色的菌褶。平菇的保

金顶侧耳

质期并不长，买的时候注意看保质期。

刺芹侧耳

刺芹侧耳主要生长在欧洲，容易种植。因为它很大，很坚实，所以叫作牡蛎王。它是四种侧耳中最坚实的，也是最好吃的，担得起这个名字。它生长在硬木中，生长季节是从夏天到秋天。

培育刺芹侧耳很容易，只需要木屑和稻草。菌盖的直径3 ~ 12厘米，很坚实，菌柄大而坚实。它是丛生的，长得很大，最初为大漏斗形，然后呈扁平形，肉呈白色，坚实。

如何烹饪

侧耳的烹饪方法都是相似的，只是颜色不同。烧熟后，这些颜色就会褪去。它富含维生素和蛋白质，不需要剥皮，也不需要水洗，只要切一下（小的侧耳不用切）。它们可以熟吃，或做成沙拉。大的侧耳可以煎、炒或焖，刺芹侧耳可以切片后放在烤架上烤。

大球盖菇

大球盖菇生长在欧洲和世界上的其他地区，特别是在美国。因为它很大，所以人们给它取了另一个名字，叫作"哥斯拉菌"！

它的培育一般是在室外进行的，用的是硬木片、稻草和锯末。一个偶然的机会，人们发现了这

大球盖菇

种培育方法。在美国，有人把菌丝体从树桩上移植到自己的花园里，里面储藏着木屑、锯末。它的产量很高，外观也很漂亮，但生长很慢，需要 8 ~ 10 周。

大球盖菇的菌柄呈白色，菌盖多肉，呈红棕色，直径 4 ~ 13 厘米。菌褶也是白色的，但老时呈灰色。

如何烹饪

大球盖菇可以放在任何一道菜里面，可以当配料，也可以是主料。它的清洗很简单，只要切去菌柄的基部即可。它不会生虫，也不会生蛆。它可以放在黄油里炒，或和其他菜一起炖着吃。大的球盖菇，可以切成两半，用油刷一下后再烤着吃。

松茸

对日本人来说，松茸是最好的菌子。它非常受欢迎，上等野生松茸的价格每千克高达 800 英镑。我从来没有看到过这种野生菌，因为这种野生菌在欧洲很少见。我的一个日本朋友内田美穗的丈夫，最近从东京买回来几颗松茸，我给这些松茸拍了照片，用在了这本书里面。

松茸、松露和其他菌子一样，都属于菌根菌，与某些树的树根共生。菌根菌比腐生菌、寄生菌更难栽培，后两者从死去的生物或者活着的树木或有机体中摄取营养。人工栽培松茸和其他类似菌子很困难，如何克服这种困难，科学家们正在持续研究。也正因

为如此，松茸在烹饪界备受关注，栽培非常有限，价格也很昂贵！

松茸和硬柄小皮伞的生长方式是一样的，围着松树（通常是日本红松）生长，野生的松茸，菌柄高达 12 厘米，很粗壮。菌盖呈半球形，开伞后，直径在 4 ~ 20 厘米之间，最初外边缘呈奶油色，中心呈红棕色，有条纹。人工培育的松茸，菌盖呈现红棕色，呈薄片状。人们总是在松茸露头时采摘，而不是开伞后去采摘，因为这时的松茸最好吃。

欧洲也有松茸，叫作松口蘑，生长在针叶林中，但是比起日本松茸（译者注：准确地说，应该是中国松茸）来，它的味道略苦。

如何烹饪

松茸有甜甜的坚果味道，菌柄有鲜美的纤维，可以切成两半后烤着吃，也可以做汤，或做成其他鲜美的菜。

松茸

第二部分　食谱

野生菌在食物链中尤其重要。有史以来，野生菌在中国、日本和西方国家，一直是一种非常重要的食材和药材。在西方，亚历山大·弗莱明从青霉菌里提炼出了青霉素。从那时起人们就在努力把野生菌里有用的化合物提取出来，至今仍然在努力。

许多野生菌都作为食材来应用。但是，哪些食用菌好吃，各人口味不同，仁者见仁，智者见智。有些野生菌，大家都认为味道不错，但另一些野生菌，可能有人说好吃，有人说不好吃，这取决于个人的口味和文化。在意大利，人们认为只有牛肝菌好吃，其他的野生菌（包括伞菌）都不好吃。英国人则会认为只有四孢蘑菇和田野蘑菇好吃。

在欧洲，野生菌由经过特殊培训的专业人员采集。欧洲政府任命一些经过特殊培训的官员检验这些蘑菇之后，再送到摊位或商店里出售。还有一些企业是专门采集、干燥和保藏野生菌（如美味牛肝菌）的。

在某些时候，人们对野生菌的看法存在矛盾。一方面，野生菌经常被认为是农家食材。在战争年代，很多人为了填饱肚子，才吃野生菌。另一方面，城市里的人们认为野生菌很有营养价值，愿意出高价购买。在一些社区，每当秋收季节，全家就会采集蘑菇，以备冬天食用；也有些人花很大的努力，找到了一些菌类，自己认为很好吃，但别人可能会认为不好吃。当然，确实有一些野生菌是不能吃的，甚至是有毒的（参看本书第一部分现场指导的"野生菌"部分）。

◀ 在厨房里备些蜜环菌，就像安东尼奥穿的围裙——围裙是他朋友瓦莱丽和法布里斯夫妇送的。

刚收获的蘑菇，准备清洗

菌类世界并不是一成不变的。在英国，过去人们认为野生菌不能吃，但现在野生菌开始走红了。近十年来，育菌科技突飞猛进。在东方，人工培育菌子已经有几百年的历史（见第 71 页），有更多的菌子现在正在人工培育中。野生菌的生长，受制于地点、季节和天气，这些因素都是不可控制的。而人工菌，只要条件适宜，无论在什么地方，无论什么季节，都可以种出来，因而运费不如野生菌那样贵，并能够保质保鲜。我相信，菌类将在我们的生活中起着越来越重要的作用，可以说，未来的食物就是菌类。

菌类的食用价值

菌类，大约 90% 是水，还有重要的矿物质（钾盐和磷酸盐），以及各种维生素，如维生素 B1、维生素 B2、维生素 D 和维生素 E。在营养学方面，菌类最重要的特点是低热量（每 100 克菌子中只有 42 卡路里），低脂肪（1%~2%），高蛋白质（3%~9%，和牛奶、肉中含的蛋白质相当）。但是，菌类之所以在烹饪中不可或缺，主要还是因为它的口感和味道。

吃野生菌要特别小心。即使是一些食用菌，有时也会引起腹部不适，因为它们不容易消化，并且有一种物质会影响胃液的分泌。所以菌类不要吃得太多，最好限制在每天 115 到 140 克。菌子如果保藏不当，可能会发生变质，产生有毒物质。即使菌子烧熟后也会变质，所以尽量吃新鲜的，且不要反复加热。

有些菌子一定要烧熟吃或者要放在沸水里焯一下再吃；还有一些菌子会和酒精反应，生成有害的物质，所以吃大多数野生菌时，尽量不要喝酒。

菌子的处理

当你采到了菌子后，你必须马上做准备，否则，过了一夜，菌子就会变得湿漉漉的，或者已经被蛆叮过了。意大利的秋季，经常看到一群人围坐在桌子前，把桌子上的菌子分类、洗净。

采到了菌子后，必须让专业人士检查，然后要清洗并按大小和类型分类；还要想出一种最好的方法来充分利用菌子做菜。有时，你必须买点儿上等的鱼或肉来和菌子搭配。还有的时候，你采到的菌子种类很多，但有些却不知道怎样分类，这些菌子，你要怎样处理呢？

设想一下，你从森林回来，带着一小篮菌子。中间很鲜、很嫩的，你可以油煎杂拌或做沙拉；比较老的，可以做汤或炖着吃（可用砂锅炖）；更老的真菌，最合适的选择是干燥。你也可能会发现大的绣球菌或者蜜环菌，你可以把它们做成配意大利面条吃的沙司，或者炖了几片菌子之后，把剩下的菌子放到醋里，做成开胃菜。

如果你的篮子里只有一种菌子（如美味牛肝菌），可以把它们按大小、年龄分类。首先要清洗，除去上面的蛆，再考虑如何吃。

● 小的——切片，做沙拉。

● 中等大小的——立即炒着吃，或切片后冷冻，或保存在油中。

● 看起来很大，但很嫩的——整个儿烤着吃，或者切片后冷冻，保存在油中。

● 又大又老的——切片后干燥，或立即烧熟吃。

● 碎粒状的——可以冻干后做成粉末，或者做成蘑菇泥。

炒菌菇

烹饪方法

虽然我的食谱说的是怎样用菌子来做菜，但我在这里还是要给大家讲解为什么要这样做菜，并总结出做菜的要领，供你借鉴。

一、煸炒。即在橄榄油和（或）黄油中煸炒菌子。橄榄油和黄油一起用，可以防止黄油变成棕色；也可以先用橄榄油，再用黄油，让沙司看起来有光泽，口感更好。如果用热油煸炒菌子，还要加一些酱。煸的时候，不要让大蒜变成棕色，也不要加盐，因为盐会让菌子脱水，破坏它的味道。菌子放在油里煎一下，外面就会变脆，味道也不会失去，可以保藏几个小时或者冷冻。

二、炒。炒比煎温度低，鲜菌和干菌一起做的时候可以用炒的方法。炒的时候，味道会充分进入汁水中，可以做一种美味的沙司。

三、烤。如果菌盖很大（如美味牛肝菌、白橙盖鹅膏菌、环柄菇、伞菌、大马勃和绣球菌），可以用烤的方法。

四、焯。当未成熟的墨汁鬼伞闭合时，可以用焯的方法。生的菌子用焯的方法，可以去除菌子里的毒素。

五、油煎。我最喜欢的方法是油煎。即把菌子放在鸡蛋液和面包屑里蘸一下，再放到油里煎，既能保持菌子原有的味道，又能让菌子变得香脆。

六、用微波炉转。我不推荐用微波炉转菌子。但再次加热时，可以用微波炉转，但是只能转一次。

保藏方法

食物保藏的历史可以追溯到刚有人类的时候。史前的猎人把食物（特别是野生菌）干燥后，在上面加点盐，这种方法今天还在用。后来，出现了一些新的方法，如腌渍、装瓶、装罐、冷冻，这些保藏方法，都能让野生菌保质保鲜。方法是因菌而异的。

就我个人而言，无论是什么保藏方法我都喜欢，此外我还可以找到新的方法。比如，可以把菌子放在冰箱里，用冰块冷冻；或者把菌子放在醋中腌渍后，再放在一排排玻璃瓶里，这样，我一年四季都能尝到新鲜的野生菌。因此，我的储藏柜就变成了"食菌者的宝库"。

干燥

秋天，只要一进入我家，就能闻到一股强烈的野生菌味道。在每个房间里都有几张报纸，报纸上摊着干燥过的美味牛肝菌。在瑞士的时候，我发现了一种专用的干燥器，只需花两个小时，就能干燥三千克菌子。

用干燥的方法，可以让菌子的气味、味道和质地得以保持，但是浸泡在水中后，只有羊肚菌、绣球菌和香菇能复原。

哪些菌子适合干燥

不是所有菌子都适合干燥。有一些菌子有纤维状的质地，干燥后会变硬，还有一些菌子会变味。只有一些菌子适合干燥：

一、美味牛肝菌。美味牛肝菌可以切片后干燥，味道更浓，放入水中可以立即复原。干美味牛肝菌在市场上的价格较贵。

二、褐绒盖牛肝菌。褐绒盖牛肝菌的味道虽然不如美味牛肝菌浓烈，但质地相似，同样可以干燥。我大量干燥它，效果极佳。

三、尖顶羊肚菌和黑脉羊肚菌。干羊肚菌价钱最昂贵，最受欢迎。法国人和瑞士人的食谱里，干羊肚菌用得最多。羊肚菌不用切片就可以干燥，并且很容易复原，口味和质地都不错，但气味不那么浓厚。买干羊肚菌的时候，注意看菌柄基部有没有灰尘。

四、灰喇叭菌。灰喇叭菌适合干燥，因为它的菌肉没有水分，干燥时变得更香，容易复原，很容易打成粉末。

五、绣球菌。绣球菌也适合干燥（必须切片），因为质地很好，香味不太浓。浸泡在水中再干燥时，能重新变软，适合做一些需要有质感的菜或汤。

还有一些菌子，如四孢蘑菇、木耳、硬柄小皮伞、多孔菌和香

在油中保存的鸿喜菇和
美味牛肝菌

菇，也可以干燥，但我不推荐这样做。鸡油菌是最不适合干燥的，干燥后会变得硬而无味，只有美丽的颜色得以保留。

如何干燥

• 如果菌子有些脏，可以用刷子刷，或把脏的地方切去，千万不要用水洗。

• 只有成熟的菌子才能干燥，过熟的菌子是不能干燥的。菌子上可能有小虫卵，没有关系，因为一切片，虫子就没有了。

• 小菌子可以用线挂起来晾干。大而多肉的菌子可以把菌盖和菌柄切成五毫米的片。

• 气候暖和时，把切片的菌子放在覆盖有纱布的垫子上，在太阳底下放置一天，就能完全干燥了。在寒冷和潮湿的地区，可以把菌子放在一张干净的报纸上，报纸上盖一块干净的布；也可以放置在一个通风良好的房间里、散热器顶上或通风橱中，需要不时地翻转一下；还可以把菌子放在有风扇的烤箱里，微微开着门，在低温下干燥。如果用传统的烤箱干燥，可以把门打开，前面放电风扇，让空气流通。

• 把一些完全干燥的菌子放在真空罐或塑料袋里。

• 用研钵和研杵或食物加工机，把菌子打成粉，放在真空罐中。这种粉末可以加入汤、沙司和蛋卷中，也可以放在黄油和新鲜的面团中。

• 如果买的是上等的干菌子，

穿在绳子上干燥的美味牛肝菌

最好买整片的，不要买零碎的。须保存在冰箱中。

如何复原：做菜之前，先将干菌子浸泡在温水中 15 到 20 分钟（见食谱）。干香菇需要浸泡 30 分钟，浸泡时，菌柄要去掉，因为菌柄很硬，也很脏。用细筛子滤干浸泡用的水，这些水可以用来增加风味，也可以做高汤，

让味道更浓。做汤和沙司可以加一些干燥的菌子。

加盐

盐，在波兰和俄罗斯用得比较广泛，不仅可以在鱼、肉里加，也可以在蔬菜（包括野生菌）中加。这个过程很简单，只需在野生菌中加入很多盐，让盐慢慢溶

收获的新鲜羊肚菌

解成卤水即可。只要是小而坚实的菌子都可以加盐（包括松乳菇和美味牛肝菌）。当你把这些菌子的沙土完全弄干净后，看有没有生蛆，确认后，将大的切成条。每千克菌子里可以加入 55 克的海盐。把撒上一层层盐的菌子放入一个不锈钢的容器中，盖上盖子。当你找到菌子时，在最底层和最上层都要撒上盐，再在中间加多层的菌子和盐。使劲压紧盖子，让它盖严实，并不时检查一

下。使用时要涮一下，烧的时候，没有必要再加盐。

冷冻

因为菌类有 90% 的水分，所以并不难冷冻，但是解冻就比较复杂。我做了多年的实验，终于弄清楚哪些菌子可以冷冻，而不会变硬或"冻伤"；哪些菌子冷冻前需要焯一下，并设计出了一种可靠的方法。

一、可以生着冷冻的菌子。

伞菌。

牛肝菌和乳牛肝菌。

鸡油菌。

齿菌。

黄皮口蘑。

亚灰树花菌和硫磺菌。

紫丁香蘑和花脸香蘑。

松乳菇焯了之后就能完全冷冻，其他蘑菇则需要烧熟后才能冷冻。

只有无蛆的小菌子才能冷冻。完全清洗干净，必要时放在煮沸的盐水里焯 30 秒，然后放在一块干净的布料上面滤干，冷却。把菌子放在一个透明的塑料袋里面，每次只放 8 到 10 个，然后封口，抽去里面的空气，再放入冰箱冷冻，温度在零下 18 摄氏度以下。或者把菌子放在托盘上，把袋子打开，冷冻一下，再装入袋子里，记住，要在袋子上标上日期，贴好标签。

解冻时，可以放在热油里面炸，或放在水里煮。炸的时候，要把冷冻的菌子在一个油锅里炸一会，还有一种方法是把它投入盐水中几分钟，直到变软，滤干后切成片，就可以像新鲜的菌子一样使用了。

二、在黄油中冷冻。我最喜欢的冷冻牛肝菌的方法是在黄油中煎后冷冻。每千克菌子里要放 250 克的黄油。

先在 115 克黄油里放 150 克切碎的洋葱，煸炒两到四分钟。出锅后，加入剩下的黄油，让它融化。冷却后，把它放在塑料盒

中，贴上标签，标签上写上日期和菌子的类型，然后冷冻。

解冻时，把冷冻的菌子在室温下放置一小时。菌子和黄油可以一起作为做汤或沙司的原料。把菌子从冷冻的黄油中分离出来，这样解冻的菌子，和新鲜的基本没有什么区别，可以用来做汤或沙司，最适合做意大利肉汁烩饭。

三、冷冻蘑菇泥。蘑菇泥，可以做成沙司或汤，也可以做意大利面食的馅。我把蘑菇泥放在冰格里冷冻，再把冰块放在一个塑料袋里，然后放入冰箱的冷冻室里。

腌渍

无论你把菌子放在浓盐水还是橄榄油中，都要先放在醋里煮沸，以保持质地和外观。传统的意大利开胃菜，一定要用醋来腌渍。腌渍过的美味牛肝菌很常用，这本菌书上所有的食用菌都可以腌渍。我非常喜欢腌渍菌子。

只有最嫩的菌子才适合腌渍，因为它们不容易生蛆。腌渍之前，要仔细清洁，可以用水冲一下。腌渍后它们的体积会缩小大约一半。保存在消过毒的小坛子里，不要用大坛子，因为一旦你把坛子打开，就要尽快把菌子吃完。见第92页。

菌子汁

用各种不同的菌子，可以做菌子汁。

把菌子弄干净后，切成细末，倒上水，用温火煮，逼出原汁。这时的菌子淡而无味，如果你不想吃，可以腌渍。在汁水里加一些迷迭香、鼠尾草叶、月桂叶、黑胡椒和大量的盐。煮到液体开始变稠，关火冷却后倒在一个干净的瓶中，再放入冰箱。菌子汁可以为各种菜肴增味。你还可以把它们冻成冰块。

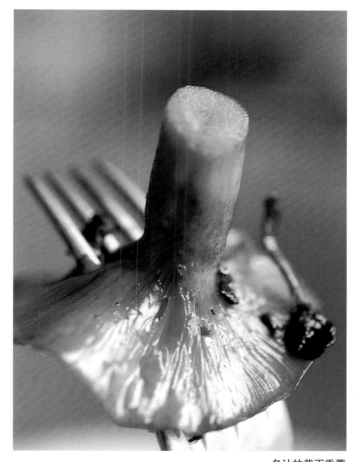

多汁的紫丁香蘑

食谱

我希望你喜欢我推荐的菜。这些菜的做法，并不是一成不变的，可以根据自己的口味来调整，盐和胡椒也可以根据需要来添加。你可以先用我推荐的做法自己尝试一下，也可以用你自己想出来的做法。希望它们能给你带来快乐！友情提示，不要用任何你不确定是否能吃的菌子做实验。祝你胃口好！

第一章
汤、沙司和保藏方法

　　这一章里的食谱是关于汤、沙司、保藏方法，以及用菌子做菜所必需的基本原料。我们使用的大部分是极为受欢迎的人工培育蘑菇，很多蘑菇产于远东地区。在东方国家的一些商店和上等的蔬果店里，这些蘑菇越来越多。这一章里的主角是汤，每一种汤的做法都极为有趣，吃起来也很好吃。在欧洲我们也用菌菇做汤，但使用频率不如沙司和炖菜高。这一章里的沙司是最基本的，接下来的四章中，也有沙司。这些沙司用来做意大利面、鱼和肉。这些沙司的味道也不错，可以用在很多菜中。实际上，用我的理念和建议，你可能会研发出极佳的新菜。最后一点，你还会在这里找到很多保存野生菌的方法。

◀ 生的蜜环菌有微毒，而熟的蜜环菌很美味。

在浓盐水中腌渍菌菇

　　为了使菌菇更加可口，不要太涩，在这儿我要告诉大家，蘑菇在浓盐水中腌渍之后，必须要加点儿橄榄油才能送上餐桌哦！如果你嫌菌菇太酸，可以加一些香草，这样醋的味道就不太浓了。

放在一个 1 千克的坛子中

材料： 新鲜的菌菇 2 千克、调味用的盐。

浓盐水的做法： 上等白醋 1.2 升、水 600 毫升、盐 1 汤匙、迷迭香 1 小枝、黑胡椒籽儿几粒、月桂叶 5 ~ 6 片、中等大小的洋葱 1 个（切成 4 块）、大蒜 2 瓣。

做法和保藏方法：

　　1. 清洗蘑菇，根据大小切成条状或块状。

　　2. 把浓盐水的配料放在一个大的不锈钢平底锅中，煮 15 分钟。同时，把蘑菇放在盐水中煮 8 分钟。

　　3. 滤干蘑菇，加入醋，再烧 5 分钟。用一个消过毒的调羹把蘑菇盛出来，装满坛子，留下盛汁水的空间。汁水再烧 10 分钟，滤干，冷却。

　　4. 当汁水完全冷却后，倒进装有蘑菇的坛子里，小心地用盖子把坛子盖上，放在阴凉处，这样的菌菇可以保存几个月。

　　5. 当要上餐桌的时候，把蘑菇充分滤干，滴入几滴橄榄油。

在橄榄油中腌渍菌菇

　　用橄榄油腌渍菌菇是提升菌菇品质，保藏其风味的重要手段。意大利人就喜欢用橄榄油来腌渍菌菇。特别要注意的是，菌菇在醋中腌渍之后，一定要用好的橄榄油来保藏，当然这种好的保藏方法是要花点钱的哦。不过花这点钱是非常值得的，菌菇在橄榄油中腌渍之后，味道非常鲜美。但是千万不要用上等橄榄油，因为上等橄榄油的味道太浓，反而会把菌菇原有的风味给遮盖了。

放在一个 1 千克的坛子中

材料： 鲜蘑菇 2 千克、橄榄油、辣椒 2 根（中等大小、干燥，也可以不用辣椒做）。

腌料： 上等白醋 1.2 升、水 600 毫升、盐 2 汤匙、月桂叶 5 片、大蒜 10 瓣。

做法和保藏方法：

　　1. 清洗蘑菇，根据大小切成条状或块状。

　　2. 把腌料放在一个大的不锈钢平底锅中，加入水和菌菇，煮沸。小菌菇要煮 5 分钟，大一点的菌菇煮 10 ~ 12 分钟。

　　3. 把蘑菇滤干，铺在一块很干净的布上，静置几个小时，让菌菇冷却，干燥。注意不要直接用手拿菌菇，因为菌菇这时已经消过毒了。

　　4. 把菌菇放在一个消过毒的坛子里，再倒入橄榄油中，缓缓混合，使蘑菇的菌盖和菌柄都浸到油中。注意每一步操作都要用同一把调羹。

　　5. 用同样的方法再多加些蘑菇和橄榄油。可以根据你的喜好，放上两个红辣椒来调味。

　　6. 把菌菇放在坛子里，紧紧盖上盖子，一个月后就可以吃菌菇了。一旦把盖子打开，就要尽快吃完。

　　7. 几个月后，你可能会发现菌菇上面有些霉点。为了尽量减少发霉，你要把用过的橄榄油扔掉，把蘑菇放在纯醋里煮一分钟，然后再存放在新鲜的橄榄油里。

基本高汤

高汤，又称鲜汤，可以使很多菜增色不少。做高汤并不需要花很多钱，只需要一些耐心。

2升

材料：鱼片（或肉片）和骨头1.5千克、大洋葱1个（切成4块）、中等大小的胡萝卜4根（切丁）、芹菜2根（切丁）、大蒜3瓣、黑胡椒10粒、月桂叶2片、欧芹1小捆、小蘑菇200克（切片，放在烤箱中烤干）、墨角兰1小枝。

可以用不同的材料来做高汤：

1. 鸡汤，可以用整只鸡做，也可以用切块的鸡做，最好是用鸡腿做。

2. 牛肉汤，可以用炖牛肉做，但不必用上等的牛臀肉或去骨的牛肉片。为了让高汤可口一点，可以把肉剁成肉末。

3. 鱼汤，可以用鱼肉、鱼骨头和鱼头做，方法和做其他肉汤是相似的，做起来也很快，只需1小时。

4. 蔬菜汤更简单，只需加入喜欢的蔬菜就可以了。

无论是鸡汤、牛肉汤、鱼汤还是蔬菜汤，都可以做好后马上使用，也可以在冰箱中放置一天再用。高汤还可以放在冰格中冷冻，但冰块要用塑料袋包起来。

制作步骤：

1. 把鱼片（或肉片）和骨头放在大平底锅里，倒上3升冷水，快速煮沸后再煮几分钟。

2. 把泡沫撇掉，把火关小。加入剩下的材料，煮一个半小时。

3. 用筛子滤出原汁。若需要高汤浓稠的话，可以煮得时间长一些，让水分多蒸发一些。冷却后，就可以用了，或者可以冷冻备用。

菌菇沙司

这道意大利菌菇沙司，味道非常鲜美，可以用来做很多菜的调味料。无论是意大利面条，还是米饭和玉米粥、烤面包片、鱼或肉，都可以用它来调味。做这种沙司，最好用鲜的或干的美味牛肝菌，也可以用多孔菌或硫磺菌。做好后还可以冷冻哦！

500毫升

材料：新鲜的小美味牛肝菌300克、干燥的美味牛肝菌15克（用温水浸泡）、大蒜2瓣（切成细末）、橄榄油4汤匙、欧芹2汤匙（切成细末）、薄荷叶2片（切成细末）、番茄酱1汤匙、盐、胡椒。

制作方法：

1. 把新鲜的美味牛肝菌清洗后，切成小丁。

2. 干牛肝菌用温水浸泡20分钟后，滤去菌中的杂质，切成细条。浸泡的水要保留。

3. 把大蒜放在橄榄油中煎香，加入美味牛肝菌。用中火煎炸十分钟，用盐和胡椒调味。

4. 加入欧芹、薄荷、番茄酱和4汤匙浸泡牛肝菌用的水，温一温，沙司就做好了。

5. 如果用它给意大利面条调味，可以撒上一些磨碎的帕尔马干酪，再送上餐桌。

干羊肚菌和松露沙司

六人份

材料：干羊肚菌 60 克、夏松露 55 克、黄油 55 克、小青葱 2 根（切成细末）、鸡汤 400 毫升（见第 94 页）、高脂肪浓奶油 125 克、松露油 10 滴、盐、胡椒。

我以前在尼泊尔买了一些干燥的羊肚菌，现在还剩下一些，我就用这些羊肚菌来做沙司。做出的沙司特好。沙司做好后，还可以冷冻。无论是烤肉、野味、烩饭，还是意大利面条，都是特别适合用它来调味。

羊肚菌用在沙司中，有一种熏制般的味道。我最喜欢用这种沙司给手帕面条调味。这种沙司是可以冷冻的。

制作方法：

1. 把干羊肚菌放在温水里浸泡 20 分钟，菌柄修剪一下，然后切成碎末。

2. 清洗夏松露，先把它切成 3 毫米的条，然后切成丁。

3. 把黄油放在平底锅里融化，加青葱叶，直到变软。

4. 把羊肚菌放入平底锅里，加入高汤，煮 8 ～ 10 分钟，冷却后，加入奶油、盐和胡椒，搅拌均匀。最后加松露油和新鲜的松露丁，使用之前要温一温。

野生蘑菇泥

175 克

材料：鲜的野生蘑菇（美味牛肝菌、羊肚菌、海湾牛肝菌）250 克或褐蘑菇 200 克加上干的美味牛肝菌、羊肚菌和香菇各 15 克、黄油 55 克、葱 3 汤匙（切成细末）、大蒜 1 瓣（切成细末）、新鲜的面包屑 1 汤匙、欧芹 2 汤匙（切成粗末）、盐、胡椒。

蘑菇泥就是把没有多少水分的蘑菇剁成泥，再调一下味。它曾是一道法国名菜，现在随着人们对蘑菇的认识，渐渐风靡全世界。它可以放在小方饺、菌菇、墨鱼、酥皮点心里作填料，也可以用在沙司、炖菜或汤中，还可以把它放在吐司或烤面包片上，怎样用都会很好吃哦。

制作方法：

1. 把鲜的野生蘑菇清洗一下，剪去菌柄，把棕色的菌盖切成粗条。

2. 把干蘑菇浸在温水中 30 分钟，滤干水，切成细末。浸泡的水要保留，备用。

3. 把黄油在平底锅里用文火融化，把大葱和大蒜末煎炸变软。加蘑菇和面包屑，再煸炒几分钟。

4. 当水要吸干的时候，加点儿欧芹、盐和胡椒调味，再煮一段时间。冷却后，放在冰箱中冷藏五天。虽然我经常建议，重新加热过的蘑菇不要吃，但是这样做出来的蘑菇泥是可以吃的。这种蘑菇泥还可以冷冻哦。

意大利蘑菇浓汤

传统的意大利浓汤，通常是用蔬菜做的，我改用蘑菇来做。这种浓汤的多种风味、层次和色彩，形成一种美妙的组合。当你带着许多不同种类的蘑菇回家的时候，这种食谱就非常行之有效——或者你可以用人工培育的蘑菇。如果需要，可以用一些干的蘑菇。对于素食主义者，就不要用帕尔马火腿块，而用蔬菜高汤。

六人份

材料：各种野生蘑菇1千克、洋葱1个（切成细末）、帕尔马火腿200克（切丁）、橄榄油6汤匙、大蒜2瓣（切成细末）、新鲜的月桂叶5片、迷迭香1小枝、欧芹3汤匙（切成细末）、蔬菜汤或鸡汤500毫升、坛装或罐装熟鹰嘴豆300克、上等意大利烤面包6片（可选）、磨过的帕尔马干酪（可选）、盐、胡椒。

制作方法：

1. 准备蘑菇，并清洗。你可以用硫磺菌、紫丁香蘑、齿菌、鸡油菌或美味牛肝菌。

2. 把洋葱和切丁的火腿放在油里煎，直到火腿有些变色，加入大蒜、月桂叶、迷迭香和欧芹。

3. 放入洗好的蘑菇和鸡汤，煮10分钟。

4. 加入煮熟的鹰嘴豆，煮3～4分钟。去掉月桂叶和迷迭香，用盐和胡椒给汤调味。

5. 在每个汤碗中放入意大利式烤面包，倒上一些汤。喜欢的话撒上帕尔马干酪。

珍珠麦蘑菇汤

这种蘑菇汤，来自斯拉夫地区，过去是给穷人和吉卜赛人吃的。我喜欢把这些不起眼的材料配在一起，做成一道很简单的汤。原来的做法用的是高脂肪的浓奶油，但是我不用这种奶油，而用浓的酸奶油，让它呈现另一种风味。如果你找不到酸奶油，可以用高脂肪的浓奶油加一点儿柠檬汁混合。与烤面包一起上菜。

四人份

材料：珍珠麦4汤匙、干美味牛肝菌40克、大蒜3瓣（切成细末）、青葱2汤匙（切成细末）、新磨的肉豆蔻粉1撮、酸奶油6汤匙、盐、胡椒。

制作方法：

1. 把珍珠麦浸入足量水中，泡几个小时，把干美味牛肝菌放在温水中浸泡20分钟。

2. 滤去珍珠麦和美味牛肝菌的水分，把美味牛肝菌切成粗条，浸泡的水要保留。

3. 把珍珠麦、蘑菇、大蒜和大葱放在平底锅中炒，用盐、胡椒和肉豆蔻粉调味。

4. 倒上水，然后加上浸泡蘑菇用的水，煮大约10～15分钟，直到珍珠麦变软。

5. 上菜前，尝一下味，拌入酸奶油。

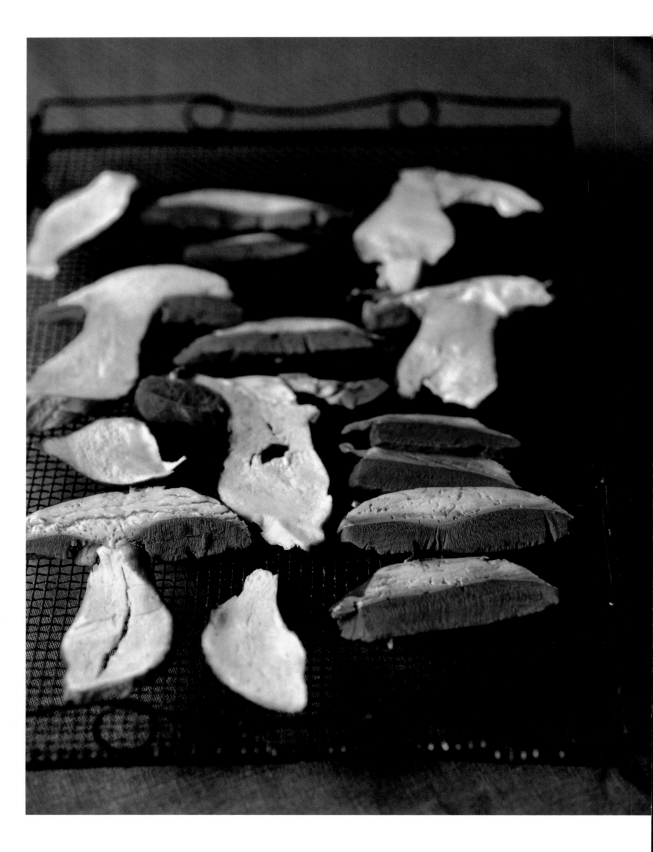

托斯卡纳松乳菇汤

　　这道托斯卡纳汤原本是用美味牛肝菌做的，现在我用了松乳菇，并且以它为主料来做。松乳菇的颜色和口感有些像坚果，新奇有趣，让人心情愉悦。秋天，是这两种新鲜蘑菇上市的季节。如果你只有松乳菇，你可以加上干的美味牛肝菌来调味。在这种情况下，把松乳菇的量增加到 600 克。

四人份

材料：松乳菇 500 克，鲜美味牛肝菌 200 克或干美味牛肝菌 40 克、大蒜 4 瓣、上等橄榄油 4 汤匙、新鲜或罐装的番茄酱 400 克、热鸡汤或蔬菜汤 600 毫升、罗勒叶 6 片、烤面包片 4 片（最好是托斯卡纳的面包片）、新磨的帕尔马干酪或羊乳酪 60 克、盐、胡椒。

制作方法：

　　1. 清洗鲜蘑菇，把它们切成细条。如果用干的美味牛肝菌，就要刷洗一下，在温水中浸泡 30 分钟，并保留浸泡用的水。

　　2. 把 3 瓣蒜切成碎末，放入平底锅中，放 2 汤匙橄榄油，翻炒一下。当它们开始变色时（不是变得太明显），加入番茄酱。如果用新鲜的番茄酱，煮 10 ~ 15 分钟（罐装的煮的时间可短一些）。

　　3. 加蘑菇，高汤和浸泡用的水，约煮 8 ~ 10 分钟，直到蘑菇变嫩。用盐和胡椒调味。

　　4. 把剩下的蒜末轻轻抹在每一片吐司上，再刷上橄榄油，在汤里加罗勒煮 1 分钟。

　　5. 把吐司放在 4 个深盘里，倒上一些汤，把配料分均匀。加入磨碎的干酪，送上餐桌。

◀ **干燥的美味牛肝菌**

南瓜美味牛肝菌汤

受美国朋友的启发，我做出了这道令人暖心的南瓜美味牛肝菌汤。南瓜和菌菇都是秋天上市的，在这个季节做这种汤正当时。如你不能找到新鲜的菌菇，你可以用干燥的美味牛肝菌和人工培育的新鲜蘑菇，比如紫丁香蘑。美味牛肝菌有一种独特的"野生菌"味道。南瓜给汤增添了颜色、口感和风味。我建议，你把这种汤放在南瓜皮里，挖出南瓜里的肉，去籽儿，这样可以让它变得更好吃。南瓜的盖要留下来。为了稳定，从南瓜的基部切下一块，这样它们就可以稳稳地放在盘子上了。

六人份

材料：鲜美味牛肝菌 300 克或 55 克干美味牛肝菌加上人工培育的紫丁香蘑 300 克、小南瓜 6 个（需要熟的南瓜肉 800 克，中间挖空）、洋葱 1 个（中等大小，切成细末）、黄油 85 克、橄榄油 2 汤匙、面粉（涂抹用）、干白葡萄酒 150 毫升、鸡汤或蔬菜汤（见第 94 页上的要求）、迷迭香 2 汤匙（切成细末）、墨角兰叶 1 茶匙、盐、胡椒。

制作方法：

1. 清洗新鲜美味牛肝菌或紫丁香蘑，切片。把干的美味牛肝菌放在温水中浸泡 20 分钟，然后滤干，浸泡的水要保留备用。

2. 把浸泡过的美味牛肝菌切成条，再把南瓜肉切丁。

3. 把洋葱放在黄油和橄榄油里煎到变软，在南瓜丁上涂上面粉，再在橄榄油里煎到呈现金黄色。

4. 加葡萄酒炒一下，让酒精挥发，然后倒入高汤，开火煮。干的美味牛肝菌要立刻加上，新鲜的美味牛肝菌可以 15 分钟以后再加，接着再煮 10 分钟。

5. 把南瓜压成"碎泥"，就做成了浓汤。加入一半的迷迭香和墨角兰，一些盐和胡椒。盛在小南瓜里，把它们的"盖子"打开，把剩下的迷迭香和墨角兰撒在上面。

荷尔斯坦因蘑菇汤

我住在德国荷尔斯坦因地区的那段日子，给我留下的印象是：那里每一道菜不是有黄油，就是有高脂肪的浓奶油，或者两者都有。接下来我给大家介绍的这种浓汤就是其中一例，这不是一种清淡的食物，是德国人喜欢的味道。德国人的传统强调的不是清淡，而是"有味道"。

四人份

材料：海湾牛肝菌 1 千克、黄油 55 克、葱 2 汤匙（切成细末）、鸡汤或蔬菜汤 125 毫升（见第 94 页）、墨角兰或百里香叶 1 汤匙、欧芹细末 1 汤匙、黄油 85 克、高脂肪浓奶油 4 汤匙、半颗柠檬打成的汁、盐、胡椒。

1. 把蘑菇洗干净，切块。

2. 把黄油和葱放在一个平底锅子里，让葱渗出水来。加一些蘑菇，让它继续渗水 10 分钟，把高汤加进去，再煮 5 分钟。

3. 加墨角兰或百里香、奶油，用温火加热。关火后转移到搅拌机或料理机里搅拌，做成一种浓汤（当然，如果不想让汤那么浓，可以多加些高汤）。

4. 加一些调味料和柠檬汁，立即和吐司一起端上餐桌。

蘑菇豆子汤

　　深秋的一个晴天，我正在采集成熟的红花菜豆。这些红花菜豆几乎枯萎，但是豆荚里的豆子很大，颜色也很鲜艳。我想这些豆子放在汤中会很好吃，于是我和朋友们采了一些野生蘑菇，用蘑菇和豆子做成了一道汤。这道汤还真好喝，我们狼吞虎咽地大喝一顿。一些有趣的菜谱就在我的尝试中产生了。一时找不到红花菜豆时，你可以用其他的豆子，你甚至可以用冷冻的豆子。

四人份

材料： 夏末的豆子（去豆荚）500克、鲜蘑菇 200 克、干牛肝菌 20克、大洋葱 1 个（切成细末）、鸡汤或蔬菜汤 1.5 升、橄榄油 6 汤匙、新鲜的辣椒 1 根（切片）、盐、胡椒。

制作方法：

1. 洗豆子，清洗蘑菇。把蘑菇放在温水里浸泡大约 20 分钟，滤干，浸泡的水要保留。

2. 洋葱在橄榄油里煎到透明，加入辣椒和滤干的美味牛肝菌。加一些豆子，倒上高汤。

3. 开火煮，用小火煮大约 20 分钟，直到豆子软化。

4. 加些新鲜的蘑菇，可以是整只的，也可以是切片的，再煮大约 10 分钟。用盐和胡椒调味。

5. 送上餐桌时，加一些普里耶舍烤面包，面包用大蒜抹，淋上上等的橄榄油。

泰国蚝蘑明虾香辣汤

泰国的香料味道都很强烈。在家里，我喜欢把这个泰国风味的汤和一盘白米饭一起吃。我轻轻地把一汤匙米饭蘸一点儿汤，因为这种汤能够给米饭增加味道。这种吃法可能不是泰国人能够理解的，但我很喜欢这样吃。

四人份

材料：人工培育的黄蚝蘑 200 克、中等大小的生虾 20 只、玉米油 2 汤匙、水 800 毫升、酸橙叶 4 片、柠檬香草茎 2 根、泰国罗勒叶几片、大蒜 1 瓣、辣椒油 1 汤匙、新鲜的小红辣椒 4 根、盐。

制作方法：

1. 修剪蚝蘑，切成小块。给虾剥壳，虾壳备用。

2. 把虾壳放在砂锅中，用玉米油煎一下，直到变脆，然后加一点水。

3. 用杵捣碎虾壳，放出所有的汁水，加入剩下的水和酸橙叶、柠檬香草、罗勒和大蒜，盖上盖子，用小火煮约 10 分钟。用筛子筛掉壳和其他配料。

4. 把虾汤放入平底锅里，加入蘑菇、剥了壳的虾子和辣椒油。用盐调味，再在水中煮 3 ~ 4 分钟。盛在碗中，每个蘑菇的上面放红辣椒。

滑菇味噌汤

在西方人眼中，这道汤是最著名的日式汤。味噌可以在超市里买到。这道汤在东西方的餐饮界都有十分重要的地位，但不幸的是，现在人们已经淡忘了它的文化意义。根据我的日本朋友美穗的说法，滑菇味噌这道汤的口味是令一般人难以理解的，因为味噌的味道很淡。"滑菇味噌汤"这道汤的做法非常独特，其中的重要原料是可以人工培育的"滑菇"，它对这种汤很重要，而"味噌"只有在汤快做好时添加，这样才能让食客尝出来它的独特风味。

四人份

材料：滑菇 100 克、日本高汤或鱼汤 800 毫升、坚实的豆腐（切成小丁）100 克、红味噌 60 克、鸭儿芹少许（茎呈绿色，很像扁平叶的欧芹）或者任何切成棒状的绿色香草。

制作方法：

1. 清洗蘑菇，把高汤和鱼汤放入水中，加入蘑菇和豆腐，煮 1~2 分钟。

2. 在一个小碗中，把味噌溶解在少量热高汤中。

3. 在汤中加入溶解的味噌，用鸭儿芹点缀，送上餐桌。

松茸汤

　　以前，我只知道日本有寿司、生鱼片和炸鱼。做这道菜的时候，我得到了住在英国的一对日本夫妇的帮助，妻子叫内田美穗，丈夫叫内田美智也。美穗让我了解了更多关于日本菜的知识。当美智也从日本回来后，这对夫妇对我的帮助就更大了。他带来了一些新鲜的松茸，我用在了这道汤里，拍成了照片放了这本书里。所需配料可以在日本食品店买到。我很高兴能够发现别国的饮食文化，这些文化已有数百年的历史。

四人份

材料： 松茸 4～6 片、酱油半茶匙、日本米酒 1 茶匙、酸橙汁或日本佛手汁几滴、剥皮的鸡胸 125 克（切成条）、中等大小的生虾 4 整只（去壳）、银杏果 12 个（剥壳）、盐、新鲜的鸭儿芹或小芹菜梗少许。

日本高汤的材料： 水 900 毫升、15 厘米的昆布（干燥的海藻）、干燥的鲣鱼 30 克（切成薄片）。

制作方法：

1. 把松茸洗净，把菌柄尖而硬的部分切去，横向切成长条，备用。

2. 做日本高汤：在平底锅中用文火加热，加入昆布。见到气泡后，加入鲣鱼片。在水刚要沸腾时，去掉昆布，再煮 2 分钟，熄火，滤出鲣鱼。这是日本的基本高汤。

3. 在高汤中加入酱油、日本米酒、酸橙汁和少许盐。加入鸡肉、蘑菇、虾，烧 5 分钟。

4. 把汤盛在陶碗中。每一个碗里放 3 颗银杏果，用鸭儿芹或小芹菜点缀。

野味羊肚菌清汤

春天，当羊肚菌出来的时候，一些野禽也出来了，有雉鸡、松鸡、山鹑和鸽子。秋天做这道菜的时候，已经找不到新鲜的羊肚菌了，你也可以用干的羊肚菌。

四人份

材料：新鲜羊肚菌200克或干羊肚菌55克、小鸡1只（洗净）、香草1束（月桂、欧芹和百里香）、芹菜1根（切成细末）、青葱1根（切成细末）、胡萝卜1根（切成细末）、鸡汤或水、波尔图葡萄酒75毫升、鲜奶油50毫升、洋葱1汤匙（切成细末）、盐、胡椒。

制作方法：

1. 把新鲜的羊肚菌清洗干净，或把干的羊肚菌在温水中浸泡20分钟。

2. 把雉鸡和香料包、芹菜、青葱、胡萝卜、盐、胡椒一起放在平底锅里，把高汤或水浇在雉鸡上，盖上盖子，煨1小时。

3. 加浸泡的干羊肚菌或鲜羊肚菌，再煨30分钟。

4. 用筛子滤去杂质，留下羊肚菌，用盐和胡椒给清汤调味。

5. 加一些波尔图葡萄酒，热一下清汤。加一些鲜奶油和细洋葱，然后在每碗里放一些羊肚菌，即可端上餐桌。

奶油美味牛肝菌汤

这种汤是用美味牛肝菌做的，因为这种菌子很珍贵，所以看起来好像很奢侈，但这确实是我做过的最美味的汤。你可以用新鲜的，也可以用冷冻的，最好是用长成的美味牛肝菌，因为长成的菌子味道更浓一些。如果用冷冻的牛肝菌，需要时可以炒着吃，也可以简单地把冷冻的美味牛肝菌放在煮沸的高汤中。如果你找不到新鲜的美味牛肝菌，可以用人工培育的小蘑菇来替代，用干的美味牛肝菌来调味。

四人份

材料：新鲜的美味牛肝菌500克（或小蘑菇500克加上25克干美味牛肝菌）、中等大小的洋葱1个（切成细末）、橄榄油4汤匙、牛肉汤1.2升（见第94页）、高脂肪浓奶油4汤匙、盐、胡椒。

油煎面包丁的材料：白面包2片、黄油25克。

制作方法：

1. 如果用鲜美味牛肝菌，要把它们弄干净，切成片，把洋葱在橄榄油里面煸炒3~4分钟，然后加一些美味牛肝菌，炒6~7分钟，加高汤，开火煮，煨20分钟。

2. 如果用人工培育的干美味牛肝菌，须把干美味牛肝菌在温水中浸泡10分钟。之后同时把洋葱和美味牛肝菌一起放到油里煎，然后和美味牛肝菌一起放到高汤中，煨30分钟。

3. 完工时，关火，把食材放入加工机或搅拌机中搅拌，然后把汤放回锅里，加入奶油、盐、胡椒，再用文火慢慢地加热。

4. 做油煎面包丁时，先把面包切成小块，在黄油里煎，直到它们变松脆，呈现金黄色。最后把面包块撒在每片美味牛肝菌的上面即可。

第二章
清淡的食物

　　不管是小吃、前菜、早餐还是开胃菜，都列在这一章里面了。总的来说这些菜很容易做，都是清淡的菜，也可以和别的菜一起吃。当把两道菜一起上桌时，就是一顿美味的午餐或晚餐，或者可以作为自助餐或意大利式的开胃菜。这些清淡的菜也包括沙拉。沙拉越来越要求简单、健康。大部分沙拉都是生的——有一些沙拉确实能够生吃——但是你也可以找到一些有趣的沙拉，里面既有生的，也有熟的。很多菜稍微加量后，可以作为主菜食用，尤其适合素食者。当然，为了合你的口味，配料的量可以稍微做增减。如果你想这样的话，我并不生气，当你有任何改进的方法时，请告诉我。

菌菇沙拉

这里我向大家推荐的一道菜是菌菇沙拉。这种沙拉与众不同的地方是：做沙拉用的调味汁是熟的，菌菇是在盐和醋中腌过的。你采到的各种菌菇都可以做这种沙拉。如果你觉得菌菇不够，可以加一些人工培育的菌子。这种沙拉可以趁热吃，也可以冷却后再吃。需要注意的是，有些菌子，像蜜环菌，一定要熟吃哦。

四人份

材料：干净的蘑菇 1 千克（毛木耳、马勃、蜜环菌、伞菌、蚝蘑、角杯蘑菇等）、水 1.5 升、盐 55 克、白醋 500 毫升、橄榄油 8 汤匙、大蒜 2 瓣（切成薄片）、新鲜的红辣椒 2 片、欧芹和芫荽各 1 汤匙（切成细末）、柠檬 1 颗、盐、胡椒。

制作方法：

1. 清洗蘑菇，把它们切成块，每一块的大小需基本一致。

2. 把水煮开，加入盐和醋，再加蘑菇，煮 10 分钟。滤出汁水，冷却。

3. 把油放到平底锅中加热，把大蒜和辣椒煸炒到软，再加菌菇，烧透之后，尝一下味道。拌入欧芹和芫荽，撒上柠檬汁，即可上桌。

肝色牛排菌甜菜根沙拉

肝色牛排菌在意大利被称为"穷人的肉"，是可以生吃的。我用它做了好长时间的试验，但也没做出什么可口的菜，就在我为撰写这本书而创意、试验新菜时，有一次我突然想到了一种新的做法。这道菜里，有酸酸的肝色牛排菌，有甜甜的甜菜根，让你越吃越想吃！

四人份

材料：肝色牛排菌 200 克、小甜菜根 350 克、上等橄榄油、香醋 2 汤匙、芫荽叶 2 汤匙、盐、胡椒。

上桌：乡村风味的烤面包片 4 大片、大蒜 1 瓣。

制作方法：

1. 清洗肝色牛排菌，并切成片，然后把甜菜根剥皮，也切成片。注意肝色牛排菌的大小和甜菜根的大小要相等。

2. 把菌、甜菜根混合在一起，放在碗中，加上 4 茶匙橄榄油、香醋、芫荽、盐和胡椒（调味用）。

3. 面包两面都要烤，每一片面包都要用大蒜涂抹，涂上上等的橄榄油。

4. 在烤好的面包片上涂一点沙拉，或者把沙拉盛在盘子里，放上面包片。

菌菇菠菜帕尔马火腿沙拉

　　这道意大利菜用到的菌菇是最漂亮、最鲜美的，名字叫作白橙盖鹅膏菌。用它来做菜，看似不太合理，还要冒着生命危险，因为它属于鹅膏菌，而鹅膏菌里有很多毒蘑菇。要尝到鹅膏菌的美味，你必须仔细鉴别，或者在鹅膏菌的生长季节问一问当地的小贩。

四人份

材料： 白橙盖鹅膏菌 300 克、小菠菜叶 250 克、上等橄榄油 4 汤匙、甜芥末 1 汤匙、香醋 2 汤匙、盐、胡椒、帕尔马火腿 55 克（切成 2 毫米厚的片，再切成长条）。

制作方法：

1. 洗净白橙盖鹅膏菌，切成 5 毫米的条，把菠菜洗净、甩掉上面的水分。
2. 把油、芥末、醋、盐、胡椒混合在一起，做成色拉调味汁。
3. 把菠菜放入调味汁，分装在 4 个盘子里，用条状的白橙盖鹅膏菌和帕尔马火腿点缀。加上上等的烤面包，即可上桌。

金枪鱼、菌菇和豆子

　　在意大利有许多 30 年的老饭店，都会用这道菜做招牌菜，它就是金枪鱼和豆子。金枪鱼和豆子大多数是罐装的。为了让它保持原汁原味，常常要加一些洋葱细末，但我认为，加一些菌菇，它的味道会更好一些，特别是腌渍过的菌菇。至于金枪鱼，我会用鱼肚子，因为鱼肚子上的肉最嫩、最好吃。这道菜做起来很简单。

四人份，用作开胃菜，或两人份，用作小食

材料： 在油中腌渍的菌菇 180 克、鹰嘴豆 2 罐（每罐 150 克）、罐装金枪鱼（每罐 400 克）、葱 4 根（切成细末，留梗）、上等橄榄油 3 汤匙、香醋 2 汤匙、盐、胡椒。

制作方法：

1. 滤出菌菇的汁液，在纸巾上擦干。
2. 滤干豆子并擦洗，再把金枪鱼滤干，并切成薄片。
3. 把所有的食材混合在一起，加一些盐和新磨的黑胡椒调味。
4. 在吃之前约等一小时，让它入味。上桌时加上法棍面包。

◀ **菌菇菠菜帕尔马火腿沙拉**

白橙盖鹅膏菌白松露沙拉

我向大家介绍的这种沙拉，是最佳的野生菌搭档。因为白橙盖鹅膏菌和白松露都是赫赫有名的菌菇，也是菌菇中的美味佳肴。我总说，这道意大利菜可以给两种人吃，一种是美食家，一种是国王，当然还有寻找松露的猪哦！

四人份

材料： 白橙盖鹅膏菌 400 克（最好是未开伞的小白橙盖鹅膏菌）、新鲜的白松露 30 克、上等橄榄油 4 汤匙、柠檬汁 2 汤匙、欧芹 1 汤匙（切成细末）、新磨的帕尔马干酪 40 克、盐、胡椒。

制作方法：

1. 清洗白橙盖鹅膏菌，切成薄片。松露也要清洗。

2. 把油与柠檬汁、欧芹、盐和胡椒混合在一起。

3. 把切好的白橙盖鹅膏菌放在一个大盘子里，撒上帕尔马干酪屑，然后把色拉调味汁淋在上面。在每个盘子上面撒上松露，上桌时加上烤面包。

贝类灰树花菌沙拉

夏天，天气很热，你可以在花园里，约上一两个好友，喝着白酒，就着沙拉，吃着烤面包，感觉会很舒服的哦！这道沙拉就很适合在这种场合吃。它也可以做主食，你也可以不用灰树花菌做这种沙拉，而用硫磺菌或肝色牛排菌。这道菜做起来也非常方便。

四人份

材料： 灰树花菌 500 克、白醋 100 毫升、水 100 毫升、生虾 150 克（不要太大）、带壳的扇贝 4~8 个、熟的蟹肉 100 克、上等橄榄油 6 汤匙、芫荽、欧芹、小茴香各 1 汤匙（切成粗末）、1 颗柠檬打成的汁、盐、胡椒。

制作方法：

1. 把灰树花菌洗净，切成片，放在加醋的水里，加一些盐，煮 2 ~ 3 分钟，滤干后冷却。

2. 把虾剥壳，然后放在沸水里煮四五分钟。

3. 把扇贝也去壳（或让鱼贩子帮你去壳），再切成片。务必注意蟹肉里不能有壳。

4. 用橄榄油、芫荽、欧芹、小茴香、柠檬汁做一个色拉调味汁，把扇贝放在腌渍的调味汁中浸泡 10 分钟。

5. 把灰树花菌、虾与蟹肉混合在一起，然后把腌渍过的扇贝加进去，混合，调味后，把沙拉送上餐桌即可。

黄皮口蘑熊葱煎鸡蛋

4月23日是英国圣乔治日，是黄皮口蘑开始生长的季节。黄皮口蘑的味道真是棒极了！熊葱也是在这个季节上市的。如果你找不到熊葱，可以用别的香草代替。

四人份

材料：黄皮口蘑400克、黄油55克、打好的鸡蛋12个、新磨的帕尔马干酪55克、熊葱2汤匙、盐、胡椒。

制作方法：

1. 如果黄皮口蘑很大，就切成两半，放在27.5克黄油里面，煎到边缘呈现出棕色。调味后静置，让它保持温热。

2. 把剩下的黄油放在不粘锅里融化，加热后，加鸡蛋和帕尔马干酪。用木勺子搅拌，让它稍微凝固，但仍然要软软的。

3. 把熊葱和温热的蘑菇混合在一起，放在盘子的一边，把鸡蛋倒在盘子的另一边，与上等意大利烤面包片一起上桌。

菌菇玉米饼

　　我给大家介绍一道西班牙菜，这道菜的主角是鸡蛋。它可以做很多菜的配料，也可以做主料，又有营养，又易做。世界上有很多菜都是鸡蛋做的，像菜肉馅煎蛋饼、玉米饼和蛋卷。在这道菜里，当然少不了菌菇，我用的是绿菇，这可是西班牙人的最爱哦！

四人份

材料： 绿菇 300 克、打好的鸡蛋 12 个、欧芹 1 汤匙（切成细末）、新磨的曼彻格奶酪 4 汤匙、上等橄榄油 4 汤匙、大洋葱 1 个（切成细末）、盐、胡椒。

制作方法：

　　1. 把绿菇清洗一下，大的切成 4 块。在大碗中把鸡蛋液、欧芹、奶酪、盐和胡椒混合在一起。

　　2. 在一个 25 厘米的不粘锅中，煎炒洋葱约 5 分钟，煎到变软。加些蘑菇，翻炒 7 ~ 8 分钟。

　　3. 在锅子里面加上蛋液，然后不时地用木铲子搅拌，直到鸡蛋液开始凝固。

　　4. 当你注意到鸡蛋的顶部已经凝固时，让它静置。鸡蛋液的底部会形成一张棕色的皮。

　　5. 用一个大盘子把平底锅盖起来，把它倒过来。小心不要烫伤了！

　　6. 把玉米饼放回平底锅，软的一面朝上，再煎几分钟，直到变成固体。

玉米饼可以冷却后吃，但是我喜欢趁热和上等的新鲜面包一起吃。

松露猎人的早餐

　　寻找松露的猎人，通常起得很早，甚至天还没有亮就起来，免得让人看见。松露市场的竞争相当激烈，因为松露的价格非常高。如果猎人要出远门，他们就带一个煤气灶、一个平底锅、一点黄油和新鲜的面包，采到松露，就可以在森林里做早餐吃！

　　因为松露猎人是一个人出去的，所以这道菜是一人份，但你也可以做成几人份，那要看你打算做给几个人吃了。

一人份

材料： 松露、黄油 20 克、鸡蛋 2~3 个、新鲜松脆的面包、盐、胡椒。

制作方法：

1. 清洗松露，切成片。

2. 在平底锅里融化黄油，加些鸡蛋，用勺子搅拌，再用温火煎。趁鸡蛋和黄油还未凝固，加一些盐和胡椒调味，再加一些黑松露屑或者白松露屑（如果你找到了白松露的话），并和面包一起吃。

　　你打猎几个小时后肚子很饿时，这道菜是最好吃的。最后一片面包是清理平底锅用的，常常会被猎狗吃掉哦！

羊肚菌鹅肝酱

羊肚菌中间是空的，里面可以填各种馅，这在菌类中是很少见的哦！今天我要向你们介绍的是一道法国菜。这道法国菜适合在盛大的宴会上吃，它的热量也很高，看起来极为奢侈。做这道菜的时候最好用大的鲜羊肚菌，但干羊肚菌也未尝不可。

我把这道菜献给作曲家罗西尼，他一定会喜欢上这道菜的。

四人份

每人三只羊肚菌，做开胃菜

材料：洗净的大羊肚菌 12 朵、黄油 55 克、鸡汤 4 汤匙、白兰地酒 2 汤匙、高脂肪的浓奶油 4 汤匙、洋葱 1 汤匙（切成细末）、盐、胡椒。

馅料：打好的鸡蛋 2 只、鲜面包屑 100 克、扁平叶的欧芹 1 汤匙（切成细末）、鹅肝酱 85 克（切丁）。

制作方法：

1. 把羊肚菌的菌柄切去，保留孔洞，准备填馅。

2. 做馅。把鸡蛋与面包屑、欧芹、盐和胡椒混合在一起，形成光滑的面团，孔洞里填上切丁的鹅肝酱，然后加上一些面包屑。注意要留有一定的余地，因为在烧的时候，馅会受热膨胀。

3. 在平底锅里把黄油融化后，用温火煎羊肚菌。先煎有馅的那一面，再煎另一面，煎 3~4 分钟。

4. 加一些高汤和科尼亚克白兰地酒，煮 5 分钟，搅拌奶油、盐和胡椒，再煮 1 分钟，最后再加细洋葱。趁热把羊肚菌端上桌，加上沙司和新烤的法棍面包。

朴蘑束

　　这道菜用的是最美的人工培育蘑菇，叫作朴蘑。它是我和日本朋友美穗共同研发出来的，做法非常简单，配料到处都可以买得到。

四人份

材　料：朴蘑 4 包（每包 100 克，分成 8 捆）、帕尔马火腿 8 片（也可以用熏制的大马哈鱼）、橄榄油 4 汤匙，2 颗酸橙打成的汁、盐、胡椒。

制作方法：

　　1. 把小捆朴蘑的底部修剪掉。

　　2. 每束朴蘑包上一片帕尔马火腿（或新鲜的大马哈鱼），用木制的鸡尾酒棒固定。

　　3. 在朴蘑上面撒一点盐和足量的胡椒，加上一些橄榄油和酸橙的汁，送上餐桌。

烤松茸

　　这又是一道我和日本朋友美穗共同研发出来的菜。我问她做日本菜的原则是什么？她说最重要的一点就是原料要新鲜，然后是这道菜的颜色和外观，接下来是这道菜的味道，最后才是口感。

　　这道菜是所有菜中最简单的一道，但做的时候也是有技巧的哦！这道菜的主角是松茸。野生松茸每千克要卖到 500 英镑，即使是人工培育的松茸也很贵。但其余的配料很便宜哦！

四人份

材　料：松茸 8 朵（或更多，根据大小而定）、沙司 2 汤匙、1 颗柠檬打成的汁。

制作方法：

　　1. 先预热烤架。把松茸上的灰尘擦掉，再用纸巾擦拭，但千万不要用水哦，因为水会把味道都洗掉。

　　2. 切去菌柄的硬尖儿。从菌柄开始，把每朵松茸切成 2~4 片（根据大小而定），让菌柄和菌盖分离，形成网状的嫩丝。

　　3. 每一面烤 1~2 分钟。淋上用酱油和柠檬汁做成的调味汁，或者在调味汁中蘸一下菌菇。简单吧！

　　我曾经用这种方法烤过别的菌菇，但好像只有松茸有这种丝状的结构。

花色肉冻东方蘑菇

这道菜是我的日本朋友美穗做的，看起来很诱人，做起来很方便，吃起来很好吃。做的时候她坚持要用"西方高汤"，就是鸡汤，让我笑痛肚皮！

四人份

材料： 蘑菇 600 克（灰树花菌、真姬菇、朴蘑、香菇、小蘑菇）、大蒜 1 瓣（切成细末）、玉米油或橄榄油 1 茶匙、白酒 3 茶匙、柠檬汁半茶匙、溶解在 125 毫升西方高汤中的鱼胶 2 茶匙、盐、胡椒。

上桌： 沙拉叶 1 把、小番茄 8 颗（切成两半）、沙拉调味汁（用米醋 1 汤匙、葵花籽油 3 汤匙和法国芥末 1 茶匙做成）。

制作方法：

1. 修剪、擦拭蘑菇，把灰树花菌、香菇和小蘑菇切成片。

2. 把切成细末的大蒜放在一锅油里炒，然后加入切片的灰树花菌、香菇、小蘑菇和修剪过的真姬菇和朴蘑。用高温炒一两分钟，然后加些盐和胡椒。

3. 加一些白酒和柠檬汁，煮到快沸腾，然后关掉热源，加入鱼胶，充分混合。

4. 倒入一个砂锅或类似的容器中，让它冷却，之后放入冰箱，冷藏几个小时。然后把盘子翻转过来，倒入一个大盘子中，用一把很快的刀子切成均匀的小片。

5. 端上餐桌时，加上沙拉叶和西红柿，淋上色拉调味汁。

填馅香菇

我给你们介绍的这道菜，也是我的日本朋友美穗推荐的。这道菜在中国和日本都有，因为香菇在这两个国家都很常用，在超市里都可以买得到。随着人们对菌菇认识的深入，香菇渐渐风靡全世界。

四人份

材料： 中等大小的鲜香菇 12 朵，面粉、去骨的鸡肉 300 克（剁成肉末）、去壳生虾 150 克（剁成末）、葱 3 根（切成细末）、姜 1 茶匙（切成细末）、日本米酒两汤匙、酱油 1 汤匙、橄榄油、盐。

沙司材料： 酱油 4 汤匙、日本甜米酒 2 汤匙、精制白糖 1 汤匙、日本清酒 1 汤匙。

制作方法：

1. 把香菇清洗干净，去掉菌柄。

2. 在香菇的内部涂上面粉，把鸡肉、虾子、葱、姜、日本米酒、酱油和一撮盐混合在一起，填入蘑菇中。

3. 把蘑菇放在橄榄油里煎一煎，每一边煎 5 分钟。煎的时候盖上锅盖，煎完之后把锅盖打开，加一些酱油、精制白糖、日本甜米酒和日本清酒，充分加热，让酒精挥发掉一些，每人上 3 个蘑菇，每只蘑菇上放一点沙司。

意大利式烤面包

我以前不喜欢用两种来自不同国家的食材做成一道菜，因为这种菜大多是追求时尚或品味而做的，味道并不一定很好。但今天我给你们介绍的菜却是用两种来自不同国家的菌菇做的，一种是东方的国家，一种是西方的国家。两种菌菇搭配起来就能做成一道很简单、很清淡但很美味的菜。为了节省成本，我用了便宜一点的夏松露，但如果你不差钱，可以用佩里戈尔或阿尔巴白松露。

四人份

材料： 夏松露 2 片（每片约 30 克）、朴蘑 2 包（每包 100 克）、上等意大利烤面包 4 片、大蒜 1 瓣、酸橙汁、上等橄榄油、欧芹细末 1 茶匙、盐、胡椒。

制作方法：

1. 把松露清洗干净，然后切成薄片，但不要切得太薄。把朴蘑的底部从菌柄上切下来。

2. 把面包烤到两面都呈现棕色，变脆，用大蒜轻轻涂抹，涂上油，平均分装在 4 个盘子里。

3. 在碗里，把香草、盐和胡椒、酸橙汁、2 汤匙橄榄油混合。再把这些食材与松露混合起来，放在两块吐司之间。这道菜可以当沙拉用，也可以当头盘。

意大利蘑菇烤面包

无论是用普通面包还是吐司，当你觉得饿的时候，都可以用我今天给你介绍的这个食谱，而且这道菜真的很好吃哦！如果你要用面包，就用意大利乡村式的面包；如果你要用吐司，就用一般的切片吐司。蘑菇可以用任何一种，但最适合这道菜的，还是齿菌、多孔菌、伞菌和落叶松牛肝菌的组合。

四人份

材料： 野生菌 300 克（任选）、黄油 55 克、橄榄油 4 汤匙、大蒜 1 瓣（切成细末）、新鲜的小红辣椒 1 个（切成细末）、半只柠檬榨成的汁、欧芹细末 1 汤匙、高脂肪浓奶油 6 汤匙、意大利乡村式面包片 4 大片（两面都烤黄）、塔雷吉欧奶酪或意大利白奶酪 100 克（切成大块）、新鲜的面包屑 55 克、盐、胡椒。

制作方法：

1. 预热烤箱到 230 摄氏度，或预热烤架。

2. 清洗或修剪菌菇，如果有必要，把大的菌菇切成片。

3. 把蘑菇放在黄油和橄榄油里翻炒一下，加上大蒜和辣椒，直到变软。加入柠檬汁和欧芹，搅拌一下。

4. 加入高脂肪浓奶油，煮约 10 分钟，直到蘑菇变嫩。用盐和胡椒调味。

5. 把上述食材放在每片吐司上面，再放上奶酪，撒点面包屑，在预热的烤箱里烤 5 分钟，或放在烤架下面，奶酪产生气泡后，立刻送上餐桌。

松露迷你奶油糕点

这种糕点是一种很美味的开胃小菜。晚上，你可以吃着糕点，喝一杯上等的香槟酒。我在佛罗伦萨的一间酒吧里就是吃的这种糕点。这糕点是用松露油和一片新鲜的松露做的哦！

四人份

材料： 迷你奶油糕点 12 个、软黄油 40 克（加 1 汤匙松露油）、阿尔巴小白松露 1 颗（切成 12 片）、盐、胡椒。

制作方法：

1. 把奶油糕点切成两半，每一片都涂上加了松露油的黄油。

2. 在黄油上面放上一片松露。撒上盐和胡椒，把原来的松露拿下来，把另一半蛋糕放回原处，然后就尽情享受吧。

野生蘑菇烤面包

　　我给你们介绍的这种意大利面包，非常流行。它既可以做小吃，也可以做开胃菜，喝饮料时也可以吃哦。无论是砂锅鸡肝、西红柿、意大利干酪和罗勒、烤蔬菜，都可以用这种面包来点缀。用野生菌做出来的面包，非常好吃。我们用了硫磺菌、灰喇叭菌、双孢蘑菇和蚝蘑。如果你找不到野生菌，可以用人工培育的蘑菇代替。

四人份

材料：野生蘑菇400克（任意可食蘑菇）、大蒜2瓣（1瓣切成细末）、小红辣椒1根（切成细末）、橄榄油8汤匙、欧芹1汤匙（切成粗末）、墨角兰叶1汤匙（可替换托斯卡纳大区用的野薄荷）、普利亚大区面包片4大片、盐、胡椒。

制作方法：

　　1.洗净蘑菇，把它们全部切成丁。

　　2.把切成细末的大蒜和辣椒放在6汤匙橄榄油里面煎，趁大蒜还没有变色，就加上蘑菇，用旺火煸炒几分钟，使它们保持松脆。加上欧芹、墨角兰及一些盐和胡椒。

　　3.同时，把面包片的两面都烤一下，用整片的蒜瓣轻轻地擦几下。涂上剩下的橄榄油，上面放上蘑菇，立即送上餐桌。

油煎环柄菇

　　有些野生菌菇，菌盖非常大，光是一个菌盖就可以做一道菜，有时甚至够两三个人吃。环柄菇就是其中一种。环柄菇有扁扁圆圆的菌盖，柔柔嫩嫩的菌褶，味道异常鲜美，做法也非常简单。只需要放在打好的鸡蛋液和面包屑里蘸一下，然后放在油里炸，直到炸成金黄色即可。整道菜像个蛋卷，有整个盘子那么大。只需加上新鲜的上等面包、蔬菜沙拉以及油煎的食物，就能做出一道夏末美食。

四人份

材料：环柄菇的菌盖4个（每个直径15厘米左右）、鸡蛋3个、欧芹2汤匙（切成细末）、新磨的帕尔马干酪两汤匙、面包屑、橄榄油、盐、胡椒。

制作方法：

　　1.清洗环柄菇的菌盖，用湿的布擦灰尘，千万不能用水洗。检查菌褶，确保没有虫子存在。

　　2.把打好的鸡蛋、欧芹、帕尔马干酪、盐和胡椒混合在一起。

　　3.把环柄菇的菌盖放在蛋液里面蘸一下，再在面包屑里蘸一下，保证整个菌盖都要蘸到。备用。

　　4.把橄榄油用温火加热，将蘑菇浸入油中。用中火炸菌盖，直到每面都变成金黄色。

◀ **野生蘑菇烤面包**

瑞士式大球盖菇炸土豆

几年前我在印度，看到一个妇女把一个柳条编成的篮子扣在头上，篮子里是新煎的菜肴。这可启发了我，我就用新鲜的炒蘑菇盖在瑞士式的土豆上面，做成了这道独一无二的菜。除了用大球盖菇外，你也可以用蜜环菌、香菇或大灰树花菌等菌菇。

四人份

材料：大球盖菇 600 克、橄榄油 6 汤匙、大蒜 2 瓣（切成细末）、葱 2 汤匙（切成细末）、小红辣椒 1 个（切成细末）、芫荽叶 2 汤匙（切成末）、盐、胡椒。

瑞士式炸土豆材料：蜡质土豆 1 千克（剥皮，切成火柴棍形）、新鲜的生姜 55 克（切成火柴棍形）、煎炸用菜油、柠檬汁 2 汤匙。

制作方法：

1. 首先清洗大球盖菇，大的切成两半。

2. 做瑞士式炸土豆：把土豆和生姜条混合均匀，把混合物分成四等份。在直径 20 厘米的平底锅中，加热橄榄油，再加入一堆瑞士式土豆配料。拍成球形，球的直径比平底锅的直径略小，然后炸土豆，直到土豆一面呈现焦糖色。用盘子盖住平底锅，把瑞士式炸土豆翻过来煎另一面。用同样的方法做 4 个瑞士式炸土豆，让它们保持温热。

3. 在另一个平底锅中，在橄榄油中煎蘑菇 5 分钟，加大蒜、大葱、辣椒和 1 汤匙芫荽叶，用武火再煸炒几分钟，再调味。

4. 在瑞士式炸土豆上淋上柠檬汁，然后立刻把大球盖菇和剩下的芫荽叶放在上面。

土豆和美味牛肝菌

这道菜是两种食材，它们的味道互补。就像世界上的很多事物一样，有时候简洁照样可以产生完美。这道意大利菜，无论是外观，风味和口感都是最佳的。为了让美味牛肝菌的味道浓一些，我甚至连一点大蒜、洋葱也没有加。

四人份

材料：新鲜美味牛肝菌 200 克、蜡质土豆 600 克、黄油 85 克、橄榄油 6 汤匙、鼠尾草叶 12 片、盐、胡椒。

制作方法：

1. 清洗、修剪美味牛肝菌，把美味牛肝菌切成薄片。剥去土豆的皮，把土豆放在盐水中煮到变软，滤干水分，冷却后切成厚片。

2. 把片状的美味牛肝菌放在 42.5 克黄油和 1 汤匙橄榄油里面，煎到呈棕色，然后备用。

3. 把土豆和 8 片鼠尾草叶放在剩下的黄油和橄榄油里煎一下。

4. 把土豆和美味牛肝菌混合在一个大盘子里，用盐和胡椒调味，撒上剩下的鼠尾草叶。这道菜可以做开胃菜，也可以做鱼和肉的配菜。

菌菇汤团

　　我住在奥地利和德国的那几年里，尝到了日耳曼式的汤团。那里的汤团形状各异，大小不一。大的汤团，德国人叫作"圆子"，奥地利人叫作"团子"。而这里介绍的小汤团，他们就用一个指小词来形容，叫作"小圆子"。这些菌菇小汤团，可以加番茄沙司，也可以不加。做汤团用的菌菇，可以用松乳菇，它可使汤团变得松脆，也可以用其他质地紧实的蘑菇。我有一次用了硫磺菌，也很好吃哦。

四人份

汤团材料：野生菌 175 克，橄榄油 2 汤匙、黄油 115 克、鸡蛋 3 个、竹芋粉 25 克、欧芹 1 汤匙（切成细末）、新鲜的白面包屑 200 克、盐、胡椒。

番茄沙司材料（可选）：剥皮的小番茄 1 罐（400 克）、黄油 55 克、大蒜细末 1 瓣、新鲜的罗勒叶 2 片。

制作方法：

　　1. 如果你用的是松乳菇，首先清洗，再焯 30 秒，滤干。不用松乳菇时，清洗、修剪一下菌菇即可。

　　2. 在橄榄油中把蘑菇煎到变嫩，冷却。

　　3. 在干净的平底锅里，融化黄油，放在碗里，和鸡蛋液混合在一起，打出泡沫。混合进竹芋粉、欧芹、蘑菇、盐和胡椒调味，加上足量的面包屑，打成坚硬的面团，可以用手捏成一定的形状。静置 30 分钟。

　　4. 用手把面团捏成核桃大小，放在盐水里用文火煮一下，煮到汤团浮起（约 2～3 分钟），就熟了。吃时可以加些番茄沙司。

　　5. 做番茄沙司：把西红柿去皮，去籽，在食品加工机中搅拌成泥。把黄油和大蒜放在小的平底锅里，然后翻炒到大蒜呈现金黄色。搅拌土豆泥和罗勒，用盐和胡椒调味，用文火烧 10~15 分钟。

　　6. 把汤团送上餐桌时，旁边涂上番茄沙司。

菌菇蛤蜊

　　我在这里给大家介绍的这道菜来自西班牙最重要的烹饪大省之———加利西亚省。西班牙人喜欢吃海鲜和肉，他们不像法国人和意大利人那么爱吃菌菇。我在饭店里吃过这道菜，并把它的做法记住了。

四人份

材料： 鲜美味牛肝菌或橙桦牛肝菌 500 克、蛤蜊 1 千克、中等大小的洋葱 1 个（切成细末）、去籽的红辣椒 1 个（切丁）、大蒜 2 瓣（切成细末）、欧芹 2 汤匙（切成细末）、橄榄油 4 汤匙、干白葡萄酒 150 毫升、藏红花粉 1 撮、盐、胡椒。

制作方法：

1. 清洗蘑菇，切成粗末，在新鲜的水中清洗蛤蜊，坏掉的或开壳的都要去掉。

2. 在一个大的平底锅中，把洋葱、胡椒、大蒜和欧芹放在橄榄油里用文火煸五分钟。加入切成粗末的菌菇，继续加热直到变软。加一些酒，再煎一分钟，让酒精挥发。

3. 加一些盐、胡椒和松乳菇，使其充分混合。最后加蛤蜊，把锅子盖起来，用武火煮到蛤蜊的壳打开。如果蛤蜊的壳还闭着，就把它扔掉。

　　这道菜可以作为第一道主菜，与面包一起吃。

菌菇酥皮馅饼

　　这道菜可以作为开胃菜使用。在这道菜里，我用的是上一年的冻蘑菇。为什么要用冻蘑菇呢？第一，冷冻的蘑菇切成末较方便。第二，一年四季都可以品尝到冷冻的菌菇，而新鲜菌菇大多只能在夏天或秋天吃到。当然，如果你愿意，你可以用新鲜的或干的野生蘑菇。

　　做小酥皮馅饼的容器可以在店里买到现成的。这种容器在德国和奥地利经常用来装小牛肉酱。

16 个

材料： 冻的美味牛肝菌或松乳菇 300 克、黄油 40 克、大蒜 1 瓣（切成细末）、纯面粉 1 汤匙、干的雪利醋 1 汤匙、欧芹 2 汤匙（切成细末）、高脂肪浓奶油 6 汤匙、酥皮馅饼 16 个、盐、胡椒。

制作方法：

1. 预热烤箱到 180 摄氏度。把冷冻的蘑菇放在盐开水里焯 3～4 分钟，滤干，切成细末。

2. 在平底锅中加热黄油，加大蒜煸炒，注意不要让大蒜变成棕色。加菌菇，用武火煸炒 5 分钟。加面粉和雪利醋，继续搅拌，加一些欧芹和高脂肪的浓奶油，用盐和胡椒调味。

3. 把酥皮馅饼放在预热好的烤箱里烤，烤完后拿出来，每个酥皮馅饼里都放上菌菇。

菌菇薄酥卷饼

我在维也纳住过两年，那时我只知道卷饼是一种好吃的甜食，里面不是苹果和梨，就是酸的樱桃或罂粟子酱。用菌菇来做这种卷饼，对别人来说也许没有什么稀奇，但我还是头一次做。我为了偷懒，用的是买来的千层油酥饼，如果你做酥饼做得非常熟练，完全可以自己动手做哦！

四人份

材料：千层饼皮 1 包（200 克）、软化的黄油 50 克、打好的鸡蛋 1 个。

馅材料：野生和人工培育蘑菇 500 克、中等大小的洋葱 1 个（切成细末）、黄油 40 克、新磨的大量的肉豆蔻、干的雪利酒 1 汤匙、面粉 1 汤匙、墨角兰叶 1 小枝，新磨的帕尔马干酪 30 克、盐、胡椒。

制作方法：

1. 预热烤箱到 200 摄氏度。一次拿三张千层酥饼，用软化的黄油在一张的两面涂一下，放在另一张的上面，再把第三张放在第二张的上面，做四个这样的三层酥饼。做填料时，用一块潮湿的布把酥饼皮布盖上。

2. 确保蘑菇不含任何灰尘和泥沙，必要时可以清洗、修剪。在黄油里把洋葱炒到变软，加菌菇和肉豆蔻，用武火煸炒 3~4 分钟，再加上雪利酒，用文火烧 2~3 分钟让酒精挥发。加上面粉、墨角兰、盐和胡椒，搅拌均匀，冷却。这时的馅会湿湿的。

3. 在托盘里涂上黄油，把 4 张酥饼放在上面，一次放一个，边缘涂上鸡蛋液。把 125 克菌菇放在每张饼的中央，加上帕尔马干酪，再卷起来，涂上蛋液，翻转一下，让接口位于底部，再涂一下。然后在预热好的烤箱里烤 15 分钟，完成后趁热送上餐桌。

蘑菇"鱼子酱"

阿拉斯加菜有很多松鼠肉和驼鹿肉，但阿拉斯加人也很爱吃野生菌。这道菜证明，无论你在世界的哪一个角落，都可以用唾手可得的菌菇来做有趣的菜肴。"鱼子酱"是一种黏稠的酱，这种酱可以涂在吐司、蔬菜或者煎饼上面。

四人份

材料：蘑菇 300 克（马勃、墨汁鬼伞、松乳菇、硫磺菌）、洋葱 1 个（切成细末）、橄榄油 3 汤匙、细洋葱两汤匙（切成细末）、半个柠檬榨成的汁、酸奶油 1 汤匙、盐、胡椒。

制作方法：

1. 清洁、修剪蘑菇，然后切成细末。

2. 把洋葱放在油里煎软，加入蘑菇细末，煸炒 5~10 分钟，软嫩后加一些细洋葱、柠檬汁、酸化的奶油、盐和胡椒调味。

3. 这道菜可以趁热吃或者冷却后再吃，上桌的时候可以涂在吐司、西红柿片或土豆片上，无论你喜欢吃什么东西，都可以涂上鱼子酱哦！

烤蘑菇

意大利人非常喜欢烤野生菌，特别喜欢烤美味牛肝菌的菌盖和马勃片。大的马勃看起来就像牛排一样，尝起来也像牛排，很适合素食者。烤野生菌，可以做前菜，也可以做烤牛排的配菜。没有用过的菌柄，也不要丢掉，可把它们做成蘑菇泥。至于香草，在托斯卡纳大区，人们会用野薄荷，而不用欧芹和百里香。

四人份

材料：大的嫩美味牛肝菌菌盖 4 片、马勃 4 片（厚约 2 厘米）、橄榄油 4 汤匙、欧芹 1 汤匙（切成细末）、百里香叶 1 茶匙，大蒜 1 瓣（切成细末）、半只柠檬打成的汁水、盐、胡椒。

制作方法：

1. 把蘑菇清洗干净，切片。

2. 烤蘑菇可以用烤架，也可以用铸铁锅。不论用哪个工具，都要预热。

3. 把油、欧芹、百里香、大蒜和柠檬汁混合在一起，涂在蘑菇的菌盖和马勃片上面。每一边烤约一分钟，用盐、胡椒调味，做好立刻送上餐桌。

这道菜还可以用伞菌、白橙鹅膏菌或硫磺菌来做。

蘑菇和泡菜

一旦有人耐心地把某道菜解释给我听，或者我上馆子吃饭时学到了某道菜的做法，我就能创造出或再现出一道道新菜。我要给你们介绍的这道菜，是用菌菇和泡菜做出来的，这是一个俄罗斯朋友告诉我的，我很爱吃。这道菜最适合用厚的蘑菇做，尤其是牛肝菌。

四到六人份

材料：鲜美味牛肝菌 200 克、橙桦牛肝菌 200 克、黄油、橄榄油 3 汤匙、洋葱 1 个（切成细末）、中等大小的糖醋腌黄瓜 2 根（切片）、泡菜 800 克、白砂糖 1 茶匙、番茄酱 2 汤匙、桧树的浆果 1 茶匙、黑胡椒籽半茶匙、鲜面包屑 2 汤匙、盐、胡椒。

制作方法：

1. 清洗蘑菇、切片。

2. 在砂锅中加热 40 克黄油和橄榄油，加洋葱，煸炒到变软。

3. 加蘑菇，用温火煎炸 8~10 分钟，冷却，加黄瓜。

4. 把滤干的德国泡菜放在一个专用的平底锅中，加上 20 克黄油和少许水，加热 40 ~ 50 分钟，加一些糖、番茄酱、桧树的浆果和胡椒籽，再烧 10 分钟。

5. 预热烤箱到 200 摄氏度，把一层德国泡菜铺在焙盘的底部，上面放做熟的蘑菇再覆盖另一层德国泡菜，再加上一点黄油。

6. 在预热好的烤箱里烤 15 分钟，和煮熟的土豆一起送上餐桌。还可以在德国泡菜中加一些熏肉和肉粒。烤之前，可以加 6 茶匙高脂肪的浓奶油，让它更油一些。

用金针菇或百里香做"刷子"，可以在烤之前给菌菇刷上一层油 ▶

腌蘑菇熏鸭胸

我给大家介绍的这道菜，是用腌蘑菇和肉做的，意大利人常把它当作开胃菜。尽管保存在油中，但腌过的蘑菇味道酸酸的，挑逗着你的胃。这是客人在秋季能吃到的最美味的佳肴，特别是当收获了很多蘑菇时（如果保存良好，你可以在一年的晚些时候再吃你腌的蘑菇）。你可以用腌渍的美味牛肝菌、蜜环菌或人工培育的蘑菇来做这道菜，肉可以用熏鹅肉、熏野猪肉或者是其他风干的肉，不一定非要用鸭子来做。

四人份

材料： 熏鸭胸 350 克（切成薄片）、在油中腌渍过的蘑菇 300 克、欧芹 4~8 小枝。

制作方法：

1. 把切成薄片的鸭子放在大盘子的中央，滤去菌菇上大部分的油，把它们放在周围。

2. 用欧芹点缀，作为开胃菜，和法棍面包一起送上餐桌。

砂锅鸭肝

桑提亚哥·冈萨雷斯给了我研发这道菜的灵感。他在我的饭店当了约 16 年的主厨，是制备鹅肝酱的大师。这是一道最基本的菜肴，最适合用松露做，做起来很容易，也很好吃，现在我可以自豪地说，这是我的菜！

四人份

材料： 黑松露（或夏松露、冬松露）25 克、肥猪肉末 85 克、小洋葱 1 个（切成细末），大蒜 4 瓣（切成细末）、洗净的鸭肝粗末 500 克、月桂叶 2 片、迷迭香 1 小枝、白兰地酒和雪利酒 75 毫升、黄油 60 克、盐、胡椒、花色肉冻饰菜（可选）。

制作方法：

1. 预热烤箱到 180 摄氏度，仔细清洗松露。

2. 把猪肉末放在平底锅里，用武火煸炒 3 ~ 4 分钟，再加洋葱，炒到它变透明。

3. 加一些大蒜、切碎的肝、月桂叶和迷迭香，用中火再炒 5 分钟，加一些盐、胡椒和烈酒，让酒精挥发 1 分钟，加上黄油，静置，冷却。

4. 去掉月桂叶和迷迭香。如果你要让它变光滑，就把混合物放在搅拌机里，再放进砂锅中，把松露放进混合物中，让它沉在底下。把砂锅放在加水的烤盘里，在预热好的烤箱中烤一小时，拿出来冷却，切成片。如果你要把它作为冷盘使用，可以在周围放上切丁的花色肉冻。

茄子炖蘑菇

我给大家介绍的这道菜，是一道典型的西西里岛菜肴，它经常与阿拉伯葡萄干和松果核搭配在一起上桌。但我的这道菜里一定会有蘑菇，乍一看好像有些不自然，但它实际上是可以作为任何菜的配菜来使用。这是一道清淡的菜，很好吃哦。

四人份

材料： 菌菇 300 克、大茄子 2 个（切丁）、橄榄油 8 汤匙、红辣椒 1 根（切片）、大蒜 8 瓣（切片）、白醋 2 汤匙、芹菜叶 3 汤匙（切成细末）、欧芹 2 汤匙（切成细末）、白砂糖 1 茶匙、盐、胡椒。

制作方法：

1. 清洗菌菇，大的要切成小块。

2. 茄子是吸油的，所以首先要把切丁的茄子在水里洗一下，然后滤干水。把它放在油里煎一下，直到每面都变成棕色，滤干，静置。

3. 把辣椒和大蒜放在同一个平底锅里煎 1 ~ 2 分钟，加一些菌菇，用武火煎几分钟，加入茄子、醋、芹菜叶子、欧芹和白糖，慢慢地炖 10 分钟，然后加入盐和胡椒。上菜时加些吐司。它也可以作为鱼、肉的配菜。

焖美味牛肝菌

如果你要了解实际情况，最好问一下当地人。我和我的一位法国朋友尼罗·雷诺通了一次电话便做出了这道菜。我还用过双孢蘑菇和一些干的美味牛肝菌来做。为了让它清淡一些，我在高汤中加了一些浸泡蘑菇用的水，结果这道菜做得很成功。

四人份

材料： 新鲜的美味牛肝菌 300 克、青葱 2 根（切成细末）、洋葱 1 个（切成细末）、橄榄油 4 汤匙、黄油 30 克、面粉 1 汤匙、波尔多白酒 150 毫升、鸡汤 1 升（见第 94 页）、欧芹 2 汤匙（切成细末）、盐、胡椒。

制作方法：

1. 彻底清洗美味牛肝菌，切成碎末。

2. 在橄榄油和黄油里把青葱和洋葱煎到变软，加一些蘑菇，再煎 7 ~ 8 分钟。

3. 在蘑菇中加一些盐和胡椒，加面粉，用武火煸炒，直到它变色。加一些黄酒、高汤，再煮 10 分钟。撒上欧芹，立即送上餐桌。

第三章
意大利面条、米饭和玉米粥

　　自然，这一章几乎全都是意大利菜，因为把意大利面条、米饭、玉米粥和菌菇一起烧是传统的意大利菜——而且，几乎所有的比萨饼都需要一两片菌菇！我尝试用不同种类的菌菇给食谱翻花样。但是，说实在的，当意大利人说菌菇的时候，指的只是美味牛肝菌。因为美味牛肝菌是他们最常用，最欣赏的。意大利面条不管和新鲜的野生菌还是干的野生菌配在一起，都是绝配。因为野生菌多汁，能和意大利面条互补，熟的菌子会渗出咸咸的汁水，能给菜增加适量的水分。这是一道传统的菜。友情提示，菌菇沙司是用在长的意大利面条中的，如细面条、宽面条，很少用在短面条中。意大利不同地区的人们，喜欢不同的家常面条和汤团。在北方，人们喜欢把玉米粥、米饭和菌菇配在一起，也很好吃。在这里，米饭和菌菇经常用来做烩饭，也用来做米饭沙拉和汤。而菌菇玉米粥，加上番茄沙司，常常被用来做肉的配菜。再说一句，我食谱里的沙司和菌菇是可以变换的，所以，务必尝试着做你自己的特色菜吧。

意大利黑松露细宽面

　　根据季节的不同，这款面条可以用阿尔巴白松露做，也可以用黑松露做，还可以用夏松露或佩里戈尔松露做。为了让这款面条的味道更浓一些，可以加几滴松露油。这样做出来的面条味道极佳，使人胃口大开。

四人份

材料：新鲜的意大利式细宽面 400 克、黄油 85 克、新鲜的黑松露 55 克（切成细末）、松露油几滴（也可以不用）、新磨的帕尔马干酪 55 克、盐、胡椒。

制作方法：

1. 把意大利面放在盐水（1 升水中含有 10 克盐）中煮。

2. 在平底锅中融化黄油，在切片的松露里加几滴松露油。用阿尔巴松露时，就不需要用松露油了。

3. 把意大利面滤干，留几汤匙水备用，把黄油和松露放在平底锅里，加一些帕尔马干酪、盐和胡椒，混合充分，加入备用的水。送上餐桌时，根据自己的喜好，加几片松露和（或）几片帕尔马干酪。

　　如果你要自己做意大利面的话，只需要花 3~4 分钟的时间来炒酱！这难道不是快餐的终极目标吗？

白橙盖鹅膏菌意大利面条

　　在意大利的翁布里亚大区和马尔凯地区，以及其他地区，有一种特色的面条，这种面条的形状是方形的。在其他地区，有一种面条与之相似，人们把它叫作"吉他面"。因为在手工制作它的时候，需要用一种有钢丝弦的工具，就像吉他一样。这种面条一般是用鸡蛋做的，味道鲜美可口。

四人份

材料： "吉他面" 400 克、新磨的帕尔马干酪 60 克、盐、胡椒。

沙司材料： 新鲜的白橙盖鹅膏菌 300 克（最好是未开伞的）、大蒜 1 瓣（切成两半）、黄油 55 克、橄榄油 4 汤匙、新磨的肉豆蔻粉 1 撮、迷迭香 1 小枝。

制作方法：

1. 把蘑菇洗净，切成小块。

2. 把意大利面在沸腾的盐水中煮 4~6 分钟，时间因厚度而异。滤干，留些水备用。

3. 用半瓣大蒜擦锅，用完扔掉大蒜。把黄油放在平底锅里，融化，加橄榄油、肉豆蔻、胡椒和迷迭香，加热几分钟后扔掉迷迭香。再把"白橙盖鹅膏菌"放到里面，煎一下。

4. 把滤干的意大利面条倒进锅里，加帕尔马干酪。

5. 用温火翻炒一下，让它入味。必要时加一些水。上菜时撒上剩余的帕尔马干酪。如果你有生蘑菇的话，可以加几片生蘑菇的薄片。

蜜环菌意大利面条

　　在每年的 10 月 15 日左右，我经常会看见一群尚未开伞的蘑菇，从树根或草里探出头来。每次看到这个菌子，我心里就会非常激动。这是什么菌子呢？它就是蜜环菌。蜜环菌在没煮熟的时候，味道很怪，还有毒，但是煮熟了就没有毒了，味道也很好。

四人份

材料：中等宽度的意大利面条 500 克、粗磨帕尔马干酪 60 克、盐、胡椒。

沙司材料：新鲜的蜜环菌 800 克、橄榄油 8 汤匙、大蒜 2 瓣（切成细末）、新鲜的红辣椒 1 根（切成细末）、欧芹 2 汤匙（切片）。

制作方法：

1. 清洗蜜环菌，去掉菌柄最硬的部分。在盐水里煮 3~4 分钟，滤干。
2. 把意大利面条放在盐水中煮，煮到稍硬（大约 6 ~ 7 分钟）。
3. 把橄榄油放在平底锅中加热，加入大蒜和辣椒。趁大蒜还没有变成棕色，加一些蘑菇和欧芹。
4. 把意大利面条滤干，与蜜环菌沙司混合，加上帕尔马干酪，即可尽情享用。

菌菇羊肉沙司意大利面条

　　那不勒斯有一种细面条，像细细的琴弦，深受当地人的喜爱。平时，他们吃这种面条的时候，加的是番茄和罗勒沙司，只有在盛大的节日里，他们才会加些肉酱。而我给大家介绍的这道面条，沙司里加的是当季的菌菇。菌菇可以让这道菜变得更鲜美可口哦！

四人份

材料：意大利细面条 500 克、新磨的帕尔马干酪或佩科里诺干酪、盐、胡椒。

沙司材料：新鲜的蜜环菌 300 克、干美味牛肝菌 15 克（在温水中浸泡 20 分钟）、橄榄油 8 汤匙、大洋葱 1 个（切成薄片）、生的去骨羊肉 400 克（不要太肥，剁成粗末）、新鲜的辣椒 1 根（切末）、干红葡萄酒 150 毫升、罐装或新鲜的番茄酱 500 克。

制作方法：

1. 清洗蜜环菌，移去菌柄中最硬的部分。在稀盐水中煮 3~4 分钟，滤干。
2. 滤干美味牛肝菌，保留水，然后切成粗末。
3. 把橄榄油放到平底锅里，把洋葱放到里面煸炒，直到软化。加些肉，当肉变成棕色时，拌入辣椒和酒，再翻炒一下。然后加美味牛肝菌的细末、水以及番茄酱，用文火煮一个半小时。
4. 当要上菜时，把意大利面条在盐水中煮到软硬适中。把新鲜的菌菇加到沙司里，用盐和胡椒调味，煮 2 分钟。滤干意大利面条，放在两个温热的盘子里。加一些沙司，撒上帕尔马干酪。

美味牛肝菌宽面条

这款意大利面条用的是大的宽面条，是我餐厅里的特色面，因为它的味道非常鲜美可口。吃这款面条时加的沙司，通常是用野猪肉、野味或其他的肉类做的。在古罗马时代，还有一种大的宽面条，它的沙司是用鳀鱼做的。

四人份

材料：宽面条 400 克、新磨的帕尔马干酪 85 克、欧芹 2 汤匙（切成粗末）、盐、胡椒。

沙司材料：新鲜的美味牛肝菌 400 克、干美味牛肝菌 20 克（在温水中浸泡 20 分钟）、中等大小的洋葱 1 个（切成细末）、橄榄油 6 汤匙、黄油 40 克、大蒜 1 瓣（切成细末）、干白葡萄酒 4 汤匙。

制作方法：

1. 做沙司。把新鲜的美味牛肝菌洗净，切成薄片。干燥的美味牛肝菌在浸泡后要滤干水，并留下浸泡用的水备用。

2. 把洋葱放在橄榄油和黄油里煸炒，炒到变软后加入大蒜。

3. 加一些切末的美味牛肝菌和葡萄酒，再翻炒一下，炒到酒精蒸发。

4. 加新鲜的美味牛肝菌和水，用文火炒 10 分钟。充分搅拌，再炒几分钟收汁。用盐和胡椒调味。

5. 把意大利面条放到盐水里煮到软硬适中（通常是 8 ~ 10 分钟）。充分滤干，加入一些沙司。把它放在两个盘子里，再倒上沙司，撒上帕尔马干酪和欧芹。

马车夫的意大利面条

据说，这款意大利面条是马车夫做的。因为这些马车夫要把货物从四面八方运到罗马，要经过一段长长的路，饿的时候，他们会给自己做一款既美味、又方便、又能填饱肚子，还不会变质的面条。这款面条有一个特别的地方，就是几乎没有一种配料是新鲜的。我在以前的食谱里曾提到过这款面条，但在这本书里，我仍然要重复说一下这款面条的做法。

四人份

材料：干美味牛肝菌 25 克、橄榄油 4 汤匙、大蒜 1 瓣（压碎）、熏制猪肉细末 55 克、金枪鱼 1 罐（200 克，将保存的油滤干后切成薄片）、甜的小番茄 600 克（切成细末）或番茄酱 500 克（新鲜或罐装）、意大利面条 400 克、盐、胡椒、新磨的佩科里诺干酪（上桌用）。

制作方法：

1. 把美味牛肝菌在温水里浸泡 20 分钟，滤干，切末，保留浸泡用的水。

2. 在平底锅中加热橄榄油，加入大蒜，用温火煸炒到软。

3. 加入意大利咸猪肉，煸炒到呈棕色。

4. 拌入美味牛肝菌和金枪鱼，炒几分钟，然后加入番茄、盐和胡椒。再用文火炖 20 分钟，为了让沙司的味道变得更浓些，可拌入几汤匙浸泡用的水，再煮约 5 分钟。

5. 把意大利面条放到盐开水中煮到软硬适中。滤干，把意大利面条和沙司混合。用黑胡椒调味，撒上磨碎的干酪。

意大利撒丁岛硬柄小皮伞方饺

　　我向大家介绍的这道菜来自撒丁岛的奥利埃纳。我曾经在切尔西足球俱乐部的球场上给吉安弗朗哥·佐拉[1]做了这道菜，他很喜欢吃。有趣的是，这种"小方饺"在撒丁岛和威尼托区都有，做的方式也很相似。尽管用的饺子馅是不一样的，但是它们尝起来都很好吃。做这种"小方饺"需要有耐心哦！

六到七人份

材料：基础面团 1 份（见第 150 页）、盐、胡椒、新磨的帕尔马干酪或佩科里诺干酪。

馅料：土豆 800 克（煮熟、剁成泥）、新磨的佩科里诺甜奶酪 200 克、磨过的佩科里诺陈奶酪 55 克、新磨的帕尔马干酪 125 克、上等橄榄油 2.5 汤匙、薄荷 2.5 汤匙（切成细末）。

沙司材料：硬柄小皮伞 200 克、干美味牛肝菌 10 克、小青葱 1 根（切丁）、黄油 55 克、鸡汤或蔬菜汤 4 汤匙（见第 94 页）、干白葡萄酒 4 汤匙、欧芹细末 1 汤匙。

制作方法：

　　1. 做这种方饺的馅时，把土豆、奶酪、油和薄荷混合备用。

　　2. 用手或压面机把面团压平，擀成 2 毫米厚的面皮，再切成 10 厘米的圆片。把剩余的面皮揉捏在一起，重新压平，切成更多的圆片。

　　3. 为了让"小方饺"成形，一手拿着圆面皮，把一茶匙馅放在上面。把面皮的底部翻起来，放在馅上面，先捏右边，然后捏左边，形成褶皱，把顶部捏在一起，封口。最后的形状必须是钱包状。为了防止面皮变干，须把剩下来的面皮封口保存。

　　4. 做沙司：清洗蘑菇，把干的美味牛肝菌浸泡在温水中 30 分钟。滤干，切成细末，保留浸泡的水。把青葱放在黄油里煸炒一下，然后加菌菇，再炒几分钟。加入高汤和酒，继续煮，然后收汁，再放欧芹。

　　5. 把小方饺放在盐水里煮，如果你喜欢吃软的，就煮 6 ~ 7 分钟。滤干，与沙司混合，搅拌，用盐和胡椒调味。上菜时，根据自己的喜好，加磨碎的佩科里诺干酪或帕尔马干酪。

　　1　吉安弗朗哥·佐拉（Gianfranco Zola，生于 1966 年 7 月 5 日），是一名前意大利足球运动员，司职前锋，绰号矮脚虎、小巨人。佐拉曾效力意甲那不勒斯足球俱乐部、帕尔马足球俱乐部、卡利亚里足球俱乐部，英超的切尔西足球俱乐部。他生涯最为成功的经历就是效力切尔西期间，曾被评选为切尔西历史上最伟大的球员。

硫磺菌、绣球菌小方饺

　　小方饺的馅有多种，可以用红肉做，也可以用鱼做，或者用蔬菜来做。我要介绍的这款小方饺的馅，是用蔬菜做的，它适合做第一道主菜。这款小方饺还有个特点，就是馅有一半是露在外面的。

　　自己做这种小方饺有些麻烦，但是做出来的味道会特别好。加上一些鸡肉或小牛肉，就可能变成一道人人爱吃的美味佳肴。

四人份

材料：基础面团 200 克（见第 150 页）、橄榄油、黄油 20 克（融化）、新磨的帕尔马干酪 55 克、盐、胡椒。

馅料：干净的硫磺菌和绣球菌 300 克、干美味牛肝菌 15 克、橄榄油 8 汤匙、大蒜 2 瓣（切成细末）、红辣椒少许（切成细末）、干白葡萄酒 150 毫升、欧芹细末 4 汤匙、高脂肪浓奶油 4 汤匙。

制作方法：

　　1. 把硫磺菌和绣球菌切片，把干燥的美味牛肝菌在温水中浸泡 20 分钟，把多余的水挤出来，保留浸泡的水，把美味牛肝菌切成细末。

　　2. 在平底锅中把油加热，把大蒜、辣椒和切碎的美味牛肝菌煸炒一下。加入切片的硫磺菌和绣球菌，再煸炒几分钟。加入白酒和一点浸泡用的水，继续煮 2～3 分钟。

　　3. 把面团擀成 2 毫米厚的面皮，再切成 14 厘米的方块。

　　4. 把面皮逐个放在加盐的沸水里，为了避免面皮粘连，可以在水里加入几滴油，煮 3～4 分钟，用木调羹搅拌两次。

　　5. 面片煮好后，在锅里加冷水，充分滤干。这样做是为了避免烫伤。

　　6. 上菜之前在蘑菇里加些盐、胡椒、欧芹和奶油，充分混合。在每个盘子的底部放一块面皮，中心部位加 2～3 汤匙馅，用另一张面皮覆盖。在每个小方饺的顶上涂一层融化的黄油，撒上帕尔马干酪，立即送上餐桌。

◀ **硫磺菌绣球菌小方饺**

羊肚菌和松露沙司手帕意大利面

在这道食谱里，我会教你如何做意大利基础面团。这种面团柔软、质地细腻，用途广泛。这种基础面团很薄，可以用来做千层面，也可以卷起来，切成长条，用来做意大利干面条、意大利细宽面、小方饺、饺子和任何其他形状的新鲜面食。它的沙司可以给小方饺或其他面食，米饭、肉类和野味调味。

六人份

基础面团：纯白面粉 300 克（最好用 00 粉[1]）、盐 1 大撮、中等大小的鸡蛋 3 个。

上桌：羊肚菌和松露沙司（见第95 页）、加高汤少许（见第 94页），黄油 40 克、新磨的帕尔马干酪 60 克。

制作方法：

1. 把面粉和盐放在平整的桌面上，形成一个火山的形状，中间有个"喷发口"。

2. 把鸡蛋打开放进"火山口"，然后用叉子缓缓把面粉混合到中心部分。用手把面团揉在一起，这时面团表面会比较粗糙。

3. 两只手交替揉面，揉捏 10 分钟后，面团应该变得光滑柔软。你有时间的话，把它包在保鲜膜里放 30 分钟。

4. 拿一根擀面杖，以打圈的方式，从中心开始向外擀面皮。当你把面皮擀成 1毫米厚时，就做好了。切成你需要的任何形状（见上面的介绍），放在干净的纸巾上。做手帕面时，我们需要边长约 8 厘米的正方形。

5. 把沙司热一下，必要时加上一点高汤（或水）和黄油。

6. 把 4 升水和 40 克盐放入大平底锅中煮。水开的时候逐个放入面片，煮 1～2分钟。滤干，把它和一些沙司放入陶瓷碗里，混合。放在 2 个温热的盘子里，倒入更多的沙司，撒上帕尔马干酪。味道好极了！

1　00 粉，是一种精致的面粉，适合用来制作比萨饼和意大利面条。在意大利面粉是用数字来区分类别的：根据小麦粉颗粒的大小和蛋白质的面筋含量，分为"2""1""0""00"四个类别。从"2"到"00"，随着面粉中的麸质和麦芽数量的减少，面粉细腻程度上升，等级也上升。其中"00"粉是最细腻的一种，用麦粒最中心的部分研磨而成，非常光滑。

菌菇千层面

千层面可以用不同的馅来做。下面我介绍的这道千层面，来自我长大的地区，做起来很简单，吃起来味道极佳。

这款是用四人份的绿色面团做的，它和基础面团相似。做这面团要用300克的00粉、55克煮菠菜（充分滤干，挤出水分）、2个鸡蛋。然后你可以把面团擀成边长为10厘米的方块。

四人份

材料： 鲜美味牛肝菌 350 克、基础面团（按上述方法做）、橄榄油 4 汤匙、大蒜 1 瓣（切成细末）、高脂肪浓奶油 300 毫升、肉豆蔻 2 粒、欧芹细末 2 汤匙、黄油 1 小块、芳提娜干酪薄片 300 克、新磨的帕尔马干酪 55 克、盐、胡椒。

制作方法：

1. 把美味牛肝菌清洗干净，切成薄片。

2. 做面团。把烤箱预热到 220 摄氏度。把面团擀成面皮，切成薄片，用布覆盖。

3. 把油、大蒜和美味牛肝菌放到平底锅里，煸炒 3 分钟，加入奶油、豆蔻、盐和胡椒，煮沸。稍微翻炒一下，让水蒸发后，再关掉火，加入欧芹。

4. 把方形的面皮放在盐水里煮 3 分钟，滤出水后再用布擦干。放在专用上菜的盘子里，涂上黄油，每个盘子上面放 1 ~ 2 片千层面，然后一层牛肝菌一层奶酪片重复两次，最后一层放美味牛肝菌。撒上帕尔马干酪，放在预热好的烤箱里烤 15 分钟。

美味牛肝菌西伯利亚水饺

西伯利亚水饺是用新鲜的面皮做的，看上去像很大的意大利小方饺（波兰人的饺子和它很相似）。俄罗斯人认为，秋季上市的野生菌很奢侈，所以只有在盛大的宴会上他们才会用野生菌做馅。平时，他们一般会用肉来做馅。

四人份

材料： 基础面团、融化的黄油 85 克、新磨的帕尔马干酪 55 克、小茴香几小枝。

馅料： 新鲜的美味牛肝菌 200 克，干美味牛肝菌 20 克（在温水中浸泡 20 分钟）、黄油 40 克、大蒜 2 瓣（切成细末）、欧芹粗末 2 汤匙、小茴香细末 1 汤匙、鲜奶油 85 毫升、盐、胡椒。

制作方法：

1. 做馅的时候，先清洗美味牛肝菌，切成薄片。滤干美味牛肝菌，切成细末保留浸泡的水。把新鲜的美味牛肝菌放在油里煸炒一下，几分钟后加入大蒜，再用温火煸炒 2 分钟。再加入切好的美味牛肝菌细末，煎 2 分钟。用盐和胡椒调味，拌入欧芹和小茴香，冷却，加入鲜奶油。把所有的食材都充分混合。

2. 把新鲜的意大利面团擀成薄皮，切成 12 块 12 ~ 14 厘米见方的块。在桌面上排列好，把馅放在两块面皮中间。把水饺的边缘用水浸湿，折叠成一个大三角形。用一把叉子的尖头压住边缘，封口。在盐水中煮 4 ~ 5 分钟。充分滤干，和融化的黄油放在一个大的平底锅中，微微加热。上桌时撒上帕尔马干酪，四周用几小枝小茴香点缀。

新磨的帕尔马干酪 ▶

蘑菇白果糯米饭

这是一道东方风味的菜，和意大利肉汁烩饭不一样。你可以用硫磺菌、贝类多孔菌、橙色桦木牛肝菌来做，也可以用人工培育的蘑菇，"姬菇"就很合适。我喜欢用日本或中国的糯米做这道菜（我觉得它有点儿培根或猪肉的香味）。这道菜听起来像是东方的，你也可以变一变调料，做出自己的口味。

四人份

材料：帕尔马火腿丁 100 克、小洋葱 1 个（切成细末）、橄榄油少许、洗净的日本或中国的糯米 300 克、盐（调味用）。

蘑菇酱的材料：鲜菌菇 800 克、干美味牛肝菌 20 克（将它浸泡在温水中 20 分钟）、大蒜 1 瓣（切成细末）、葱 4 根（切成细末）、橄榄油 4 汤匙、新鲜的红辣椒 1 个（切成细末）、生姜 1 汤匙（切成细末）、酱油 3 汤匙、半只柠檬打成的汁、开壳的白果 12 个、罗勒叶 1 把（切成细末）、芫荽 2 汤匙（切成粗末）。

制作步骤：

1. 清洗蘑菇。如果很大，就把它分成 4 块。滤干美味牛肝菌，切成片，保留浸泡蘑菇的水。

2. 把大蒜和大葱放在橄榄油里煸炒，直到变软。

3. 加入辣椒、生姜、切片的美味牛肝菌和新鲜的蘑菇。

4. 倒入刚才浸泡美味牛肝菌的水、酱油、柠檬汁、白果，一起煸炒，之后煮一下，把火关小，煨 10 ~ 15 分钟。搅拌几次，用盐调味，加些香草。

5. 在平锅中加少许油，加入帕尔马火腿和洋葱煸炒。加入淘好的米、500 毫升的冷水和少许盐，煮沸，再煨 2 分钟。盖上盖子，小火煨 6 分钟。关火，静置 10 分钟。把蘑菇酱淋在米饭上一起送上餐桌。

意大利羊肚菌和美味牛肝菌肉汁烩饭

在意大利的传统中，意大利美味牛肝菌肉汁烩饭简直是秋天的标配。我认为这是最美味的佳肴之一，仅次于放白松露的肉汁烩饭！一天我在做这道菜的时候，发现美味牛肝菌不多了，我就用了干羊肚菌，结果给人留下了相当深刻的印象！（当然，你可以只用美味牛肝菌做。）

四人份

材料： 鲜美味牛肝菌 300 克、干羊肚菌 55 克、橄榄油 2 汤匙、鸡汤或蔬菜汤 1.5 升、黄油 20 克、中等大小的洋葱 1 个（切成细末）、卡纳罗利米 350 克（或纳米米、阿尔博里奥米）、盐、胡椒。

收尾： 黄油 55 克、新磨的帕尔马干酪 55 克。

制作过程：

1. 羊肚菌浸泡在温水中 30 分钟，保留浸泡的水，以备后用。把羊肚菌的菌柄剪去，扔掉。

2. 把橄榄油和黄油放在大锅里加热，然后用文火煎洋葱，直到变软。加羊肚菌，煸炒一下。

3. 加米粒，充分搅拌，让每粒米上面都裹上一层油，轻微烤热。

4. 把事先用文火热过的热高汤一勺一勺地加到浅锅中。每次加的时候，保证它完全吸收完后，再加下一勺。不断地搅拌混合，以免粘锅底，当淀粉从米粒中析出时，会变成奶油色。

5.10 分钟后，加入切片的美味牛肝菌，继续煮，并搅拌，直到米饭变硬。结果应该是呈糊状的，这过程需要大约 18 分钟。

6. 关火后，用盐和胡椒调味，把黄油和帕尔马干酪搅拌进去，然后立即送上餐桌。

意大利白橙盖鹅膏菌烩饭

当我想给这本书拍照片的时候，我不得不从意大利买一整盒新鲜的白橙盖鹅膏菌，因为在英国没有白橙盖鹅膏菌。之后，在吃午饭的时候，我就用白橙盖鹅膏菌做了一道烩饭，非常好吃！

四人份

材料： 新鲜的白橙盖鹅膏菌 200 克、鸡汤或蔬菜汤 1500 毫升（见第 94 页）、中等大小的洋葱 1 个（切成细末）、黄油 125 克、卡纳罗利米 400 克、新磨的帕尔马干酪 60 克、盐、胡椒。

制作方法：

1. 清洗、修剪白橙盖鹅膏菌，切成小块。把高汤热一下，温度刚好适合做烩饭。

2. 洋葱放在 62.5 克黄油里面煸炒一下，加入米饭，搅拌，让油脂覆盖在米粒上面。加一勺热高汤搅拌，让汤汁吸收。用同样的方法，把所有的高汤都加进去，不时地搅拌一下，让汤汁完全吸收。约 15 分钟后，尝一下米饭，米粒必须是稍硬的。然后加一些白橙盖鹅膏菌，搅拌混合。结果应该是呈糊状的。

3. 加入剩下的黄油、帕尔马干酪、枒盐调味，用力搅拌，完成后立即送上餐桌。

菌菇番茄煎比萨饼

我是吃比萨饼长大的。我一直认为我妈妈做的比萨饼是世上最好吃的。她如果还健在的话，我就会建议她在比萨饼中加些菌菇，这样会更加好吃。

六人份

比萨面团材料： 00 面粉或纯白面粉 300 克、鲜酵母或颗粒状干酵母 15 克（放在温水中搅拌，让它化开）、盐 1 撮、水适量。

材料： 野生和人工培育蘑菇（鸡油菌、紫丁香蘑、灰喇叭菌等）、大蒜 3 瓣（切片）、上等橄榄油、新鲜的红辣椒（切片）、番茄糊 300 克（新鲜或罐装，去籽）、罗勒叶 10 片、盐、胡椒。

制作方法：

1. 做比萨面团时，把面粉、酵母和盐混合在一起，加水，做一个软面团。用布盖好，放在温热的地方，让它发酵 1 ~ 2 小时。

2. 清洗蘑菇，切成粗末。把 2 瓣大蒜放在 4 汤匙油里煸炒一下，趁还没有变成棕色，加入蘑菇和辣椒，炒 7 ~ 8 分钟。做番茄沙司时，把剩下的 1 瓣大蒜放在 2 汤匙油里煸炒一下，加番茄、5 片罗勒叶，以及一些盐和胡椒，继续翻炒。

3. 用 1/6 的面团做成直径约 20 厘米的扁圆形面饼，其余的面团也这样做。

4. 把面饼放入有足量油的平底锅中加热。煎到一边呈棕色，变脆，用钳子翻转，再煎另一面，也煎到呈棕色，变脆。（有趣的是，这个比萨饼不吸油。虽然外面很脆，里面并不油，所以是一种很健康的食品。）把煎好的比萨饼放到盘子里，每一个比萨饼上面都放番茄沙司。顶上放混合的蘑菇，用剩下的罗勒点缀一下，趁热吃。

蘑菇、番茄和香肠沙司玉米粥

我给大家介绍的这道菜是阿尔卑斯山的经典菜肴——一种玉米粥。这道菜的做法太简单，很多人不喜欢。这道菜是用番茄酱、香肠和菌菇做的，当然也可以用番茄和鸡肉做。这样做出来的玉米粥，绝对让你吃了还想吃。

六人份

材料：水 1.5 升、玉米粉 300 克或商店售的 5 分钟能熟的玉米粉 1 包、黄油 75 克、芳提娜或塔雷吉欧奶酪 55 克（切丁）、新磨的帕尔马干酪 100 克、盐、胡椒。

沙司材料：小蘑菇 200 克、干美味牛肝菌 30 克（浸泡在温水中 20 分钟）、卢加尼加香肠 200 克、中等大小的洋葱 1 个（切成细末）、橄榄油 6 汤匙、月桂叶 1 片、新鲜或罐装的番茄酱 400 克。

制作方法：

1. 做粥时，在水里加盐，开火煮。慢慢地加玉米粉，用木调羹搅拌，避免结块。注意一定要用一把长的木调羹，因为面粉在水里冒的气泡会把你的皮肤烫伤。不停搅拌，直到米粥煮熟（约 40 分钟）。如果用 5 分钟能煮熟的玉米粉，就按照包装袋上的指示操作。

2. 煮熟后，加黄油、切丁的奶酪和 50 克帕尔马干酪，完全混合。

3. 做沙司时，清洗小蘑菇，切成细条。把浸泡好的干美味牛肝菌滤干，然后切成细末，保留浸泡用的水。把剥皮的香肠切成小块。把洋葱放在油里面煸炒到软，加香肠，继续煮 10 分钟，并不时地搅拌一下。加入切片的菌菇、浸泡过的美味牛肝菌和月桂叶，再煮 5 分钟。加番茄酱，煮 20 分钟，调一下味。把沙司和玉米粥一起送上餐桌，可以把玉米粥放在小碗的一边，也可以放在上面。上菜前撒上剩下的帕尔马干酪。

灰喇叭菌和硫磺菌汤团

世界上没有一种汤团能和意大利的汤团相比。汤团是用面粉和土豆做的，流行于意大利的二十个地区。它们本身没有什么味道，所以要和黄油、帕尔马干酪、意大利青酱、波伦亚沙司、戈尔根佐拉沙司配在一起吃。我第一次尝试把它们和菌菇配在一起，没想到味道特别好。

六人份

汤团材料：粉土豆 800 克、面粉 200 克、打好的鸡蛋 1 个、盐、胡椒。

沙司材料：灰喇叭菌 300 克、硫磺菌 200 克（或新鲜的开伞的蘑菇或松乳菇）、干美味牛肝菌 20 克、橄榄油 4 汤匙、黄油 55 克、中等大小的洋葱 1 个（切成细末）、干白葡萄酒 150 毫升、欧芹细末 3 汤匙、新磨的帕尔马干酪 60 克。

制作方法：

1. 把土豆放到盐水里煮到变软，充分滤干。

2. 把它们放到空的平底锅里，用温火翻炒，让水分蒸发。把土豆剁成泥，与面粉、鸡蛋充分地混合，在桌面上做成软面团。用手把面团捏成直径 2 厘米的香肠状。再切成 2.5 厘米长的条。用叉子的尖头向下压面团，使汤团成形。然后放在一块干净的布上。

3. 做沙司时，清洗灰喇叭菌和硫磺菌，切成细条。在温水中浸泡干的美味牛肝菌 20 分钟，滤干，把它们切成细末，保留浸泡用的水。把橄榄油和黄油一起放在平底锅中加热，把洋葱放在里面煸炒到软，再加入灰喇叭菌、硫磺菌和美味牛肝菌。慢慢地煮 15 分钟，收汁。加一些浸泡菌用的水和白酒，再煮 5～10 分钟。加一些欧芹、盐和很多黑胡椒。

4. 把汤团放入足量的盐水里煮，等汤团浮上水面后就熟了。用勺子把汤团舀出来，放入沙司，充分混合，放在盘子里，撒上帕尔马干酪。

第四章
鱼

　　鱼和菌菇的组合非常现代，至少在意大利菜里是如此。尽管在其他国家（尤其是远东），鱼和菌子烧在一起的历史已经悠久。在欧洲，鱼和菌菇烧在一起的菜，用得越来越多。为了我的书，也为了我的饭店，我仍然在尝试着研发新菜，看能做出什么样的美味佳肴。比如，我发现蘑菇和新鲜的大马哈鱼是绝配，但是僧鲨、庸鲽、大菱鲆和多佛鳎，肉呈白色，坚实，适合和新鲜的野生菌烧在一起，因为两种食材烧在一起，味道和质感都能达到平衡。蘑菇和鱼做的菜看起来也很诱人，因为某些蘑菇的形状和颜色形成对比。我不常把蘑菇和很油的鱼放在一起烧，如沙丁鱼或马鲛鱼。因为它们特别油，需要一些可以做陪衬的食材，而不是为菌菇增加风味。我总是把新鲜菌子和新鲜的鱼配在一起，因为它们的风味和质感是互补的。我希望你喜欢仿制我做的菜，再现我的成果。

黑松露翁布里亚鳟鱼

　　意大利的翁布里亚大区是黑松露的主产区。当地的生产商垄断了世界上 80% 的松露市场。我曾经在诺尔恰地区（翁布里亚大区辖内）住过一段时间。在那段日子里，我受人之邀，与他们一起带上猎狗去寻找松露。他们在涅拉河钓到几条鳟鱼，请我吃了一顿夏松露鳟鱼大餐。夏松露用松露油调了味。（如果你用黑松露，也可以用松露油来调味。）

四人份

材料： 黑松露 85 克，鳟鱼 4 条、面粉（涂抹用）、大蒜 1 瓣、黄油 60 克、松露油 1 茶匙（也可以不用）、干白葡萄酒 4 汤匙、盐、胡椒。

制作方法：

　　1. 清洗松露，切成小丁。清洗鳟鱼，刮鳞，取出内脏，再涂上面粉。把大平底锅用大蒜抹一下，然后去掉大蒜。

　　2. 在平底锅中把黄油融化后，把鳟鱼煎到变成淡棕色（每面煎 4～5 分钟）。加松露油、松露丁和干白葡萄酒，煮 1～2 分钟，并不时地搅拌，不要让肉粒和汁水粘在锅上。用盐和胡椒调味。

　　3. 把鱼和新煮的蜡质土豆一起上桌，上面倒上一些沙司。

肝色牛排菌鳗鱼片

　　有一种鱼，无论是风味还是质地，都和肝色牛排菌相似，这是什么鱼？这是鳗鱼。因为肝色牛排菌是酸的，而鳗鱼是油的，所以鳗鱼和肝色牛排菌是绝配。在这道菜里，鳗鱼是用木炭烤过的，有一种烟熏味。当然，要做这种鱼，腌泡汁也很重要。我曾经尝试用康吉鳗做这道菜，做的时候只需要腌泡30分钟，味道也不错哦！

四人份

材料： 肝色牛排菌400克、鳗鱼片500克（无骨头，但带皮），橄榄油2汤匙、高脂肪浓奶油2汤匙，小茴香2汤匙（切成细末），盐、胡椒。

腌泡汁料： 2颗柠檬打成的汁、橄榄油4汤匙、大蒜1瓣（切成细末）、薄荷叶6片。

制作方法：

　　1. 清洗肝色牛排菌，切成薄片。把鳗鱼切成8厘米见方的小块，装盘。把柠檬汁、橄榄油、大蒜和薄荷叶混合在一起，加一点盐，浇在鳗鱼上面。

　　2. 在平底锅中把橄榄油加热后，再加肝色牛排菌，煸炒5分钟。加入奶油、小茴香、盐和胡椒。

　　3. 用木炭烤鳗鱼，每面烤5分钟，直到烤熟。然后和肝色牛排菌混合在一起，搅拌，让它入味。菜品颜色可能有些微红，因为肝色牛排菌在烧的时候，渗出的水分带点红色。

　　4. 上桌时，加一些面包或玉米粥。

硬柄小皮伞多佛鳎

　　我认为，多佛鳎是英国海鱼中最鲜美的一种。当多佛鳎和硬柄小皮伞一起烧的时候，它就是盛宴的绝配了。为了让它味道更好，我喜欢带骨头一起做，上菜时再把鱼骨头去掉。

四人份

材料：中等大小的多佛鳎4条，面粉少许（涂抹用），黄油55克，欧芹叶少许（也可以不用）。

沙司料：硬柄小皮伞400克、青葱一根（切成细末）、黄油40克、干白葡萄酒75毫升、1颗柠檬打成的汁、欧芹2汤匙（切成细末）、小茴香叶2汤匙（也可以不用）、盐、胡椒。

制作方法：

　　1. 清洗硬柄小皮伞。把鱼也清洗一下，并剥皮（或者叫鱼贩子帮你处理），再涂上面粉。用黄油煎多佛鳎，两面都要煎到脆。你可能要用两个大平底锅，因为多佛鳎总是很大。做沙司的时候，把多佛鳎放在烤箱里，用低温烤，让它保持温热。

　　2. 用黄油煸炒一下小茴香，加入硬柄小皮伞，煸炒几分钟。加入葡萄酒和柠檬汁，再拌1分钟。加一些欧芹叶，最后加一些盐和胡椒，充分混合，备用。

　　3. 沿脊柱，将鱼纵向切成两半，去掉鱼骨头、鱼鳍、鱼头和鱼尾。从中心开始，小心地抬起上半部分的鱼片，如果骨头掉下来了，就说明多佛鳎已经熟了。此时，把大骨头扔掉，但鱼的下半部分不要动。4条鱼都是同样的做法。

　　4. 上桌时，把鱼的下半部分放在热的盘子里面，把硬柄小皮伞横放在鱼片上，再把鱼片的上半部分放在上面。

姬菇僧鲨

我给你们介绍的这道菜，用的是"具有异国风味的"蘑菇，因为它来自东方，因而得名。姬菇是人工培育的，几乎一年四季都可以买到。它做起来很方便，口味也不错哦！

四人份

材料：僧鲨鱼片600克（4片）、面粉（涂抹用）、橄榄油6汤匙、姬菇300克（从根部切去）、大蒜2瓣（切成细末）、小红辣椒1根（切成细末）、黄油55克、1个酸橙打成的汁、芫荽2汤匙（切成细末）、盐、胡椒。

制作方法：

1. 为了不让僧鲨和姬菇变味，做这道菜的时候，只需简单地把僧鲨烧一下。

2. 甩掉僧鲨上多余的水，涂上面粉。把橄榄油放在大平底锅中加热，把姬菇煸炒2分钟，加大蒜和辣椒，再煸炒2～3分钟，不时地搅拌。把鱼放在黄油中每面煎炸2分钟，用盐、胡椒和酸橙汁调味。

3. 把芫荽和一些椒盐拌入其中，完成后把鱼和蘑菇一起送上餐桌。

蜜环菌旗鱼"橄榄"

这道美味佳肴是用鱼和菌菇做的。如果你找不到蜜环菌，可以用人工培育的姬菇。做"橄榄"的步骤有点复杂，需要有耐心哦！

四人份

材料：新鲜的白面包屑12汤匙、小茴香1汤匙（切成细末）、松果核2汤匙、酸黄瓜2根（切成丁）、打好的鸡蛋2只、旗鱼片12片（每片55克，共660克）、面粉（涂抹用）、橄榄油、盐、胡椒。

沙司料：蜜环菌300克、橄榄油6汤匙、大蒜2瓣（切成细末）、小红辣椒1根（切成细末）、白面包屑4汤匙、鸡汤100毫升、欧芹4汤匙（切成细末）、1颗柠檬打成的汁。

制作方法：

1. 清洗蜜环菌，在盐水里焯5分钟，滤干。

2. 用面包屑、小茴香、松果核、酸黄瓜丁和鸡蛋做馅，再用盐和胡椒调味。

3. 整齐地把鱼片铺开，把一汤匙馅放在鱼片的中心。卷成橄榄形，并用鸡尾酒棒固定。裹上面粉，放到热的橄榄油里，煎到每面都变成棕色。保持温热。

4. 做沙司。把橄榄油放到另一个平底锅里，加热，加大蒜和辣椒，煸炒一下，再加入蜜环菌，烧5分钟，加面包屑、高汤、欧芹和柠檬汁，充分混合，用盐和胡椒调味。当蜜环菌煮熟后，加入旗鱼"橄榄"，放上一层沙司，趁热送上餐桌。

鸡油菌红鲻鱼

我认为，没有比用橄榄油去煎刚刚钓上来的红鲻鱼更好吃的了。对于你来说，方便一点的做法，是让鱼贩子帮你把鱼骨头去掉。这里我把红鲻鱼和小的鸡油菌烧在一起，那就更好吃了。

四人份

材料： 鸡油菌 250 克、红鲻鱼片 4 片（400 克）、橄榄油 6 汤匙、1 个酸橙打成的汁、青葱 1 根（切成细末）、白兰地酒 1 汤匙、高脂肪浓奶油 4 汤匙、欧芹细末 1 汤匙、盐、胡椒。

制作方法：

1. 清洗、修剪鸡油菌。用 2 汤匙橄榄油、酸橙汁、盐和胡椒把鱼片腌泡 2 小时。

2. 在平底锅里，把剩下的橄榄油加热，用温火把小茴香煸炒到软。加热鸡油菌，再用温火煸炒 5 分钟。加入白兰地酒，当酒挥发后，再加奶油、盐、胡椒和欧芹。

3. 在不粘锅里放鱼片，皮要朝下，煎到变脆，鱼肉要烧熟（需要 5 ~ 8 分钟）。在锅里加入剩余的腌泡汁，用温火加热。

4. 把鱼放在热的盘子里，边上放小鸡油菌，送上餐桌。食用时加面包。

野生菌金枪鱼排

意大利人喜欢金枪鱼排和旗鱼排，我觉得英国人也越来越喜欢吃这些肉质肥美的鱼了。把新鲜的金枪鱼排放在油里炸好后，再加上野生菌，做出来的这道菜，新鲜看得见，美味尝得到！做这道菜用的菌菇可以是野生的，也可以是人工培育的，但最好用海湾牛肝菌、蜜环菌、紫丁香蘑和花脸香蘑。

四人份

材料： 野生菌 500 克（或人工菌）、新鲜的金枪鱼或旗鱼 4 片（每片 150 克）、橄榄油 4 汤匙、黄油 55 克、大蒜 1 瓣（切成细末）、墨角兰叶 1 撮、迷迭香几小枝、盐、胡椒。

制作方法：

1. 把菌菇清洗干净，切成大小相同的片。

2. 鱼要先用盐和胡椒调味，再放在橄榄油里面煎，每面煎 5 分钟。把它从平底锅中拿出来。在平底锅中加黄油、菌菇和大蒜，煸炒 10 分钟。加墨角兰、迷迭香、盐和胡椒调味。

3. 把煎好的鱼放回平底锅，为了让它入味，再加入一汤匙水。待水收干之后，立即送上餐桌。

康斯坦萨土豆菌菇咸鳕鱼

　　我曾经问过一位葡萄牙的家庭主妇康斯坦萨·吉玛勒斯："你们如何用菌菇做菜？"她说："我们通常把挪威的咸鳕鱼和菌菇搭配在一起。这道菜是我们的最爱。"我用人工培育的双孢蘑菇，试着做了一下这道菜，感觉有家的味道哦！

四到六人份

材料： 咸鳕鱼800克（切成块，在水里浸泡2天，隔几个小时换一次水）、双孢蘑菇300克、橄榄油6汤匙、大蒜1瓣（切成细末）、欧芹3汤匙（切成细末）、土豆400克（烧熟、剥皮后切成薄片）、切达奶酪200克（磨成粉）、盐、胡椒。

白沙司材料： 面粉30克、黄油60克、热牛奶400毫升、新磨的肉豆蔻1撮。

制作方法：

　　1. 把咸鳕鱼洗净，在沸水中煮到变嫩（约半个小时）。把它放在水中冷却，滤干。把鱼骨头和皮都去掉，把肉切成薄片。

　　2. 预热烤箱到200摄氏度。清洁双孢蘑菇，切成厚片。

　　3. 做白沙司。把面粉在黄油里炒几分钟，搅拌后，加一些热牛奶，用力搅拌，以免结块。

　　4. 加一些盐和肉豆蔻，搅拌10分钟。

　　5. 把双孢蘑菇放在橄榄油里翻炒一下，快熟时加入大蒜和大部分欧芹。最大的、最好看的几片双孢蘑菇，要格外小心，因为它要放在这道菜的最上面，用作点缀。

　　6. 把食材都装在陶瓷的容器里，首先在最下面放2汤匙白沙司，上面放一层鳕鱼片，加上几片双孢蘑菇、土豆和大量白沙司。均匀地撒上切达奶酪，再放鳕鱼片、双孢蘑菇、土豆和白沙司，最后再放上奶酪、鳕鱼（一层一层放）。用双孢蘑菇和剩下的欧芹点缀，再把黑胡椒磨一下，放入烤箱中，烤25～30分钟，趁热送上餐桌。

菌菇水煮海鲜

这道菜，一年四季都可以做，做法不止一种。菌菇可以是新鲜的，也可以是干燥的（比如说香菇，可以在售卖中国食品的店里买到）。鱼，只要是肉质很紧的都可以用，至少需要三种。我第一次在餐厅里做的时候是在冬季，用的是干燥的香菇和美味牛肝菌。这样做出来的菜非常美味，令人大饱口福！

四人份

材料： 干香菇 16 朵加干美味牛肝菌 20 克（或鲜香菇 300 克）、去壳的大生虾 300 克（壳要保留）、鳎鱼片 4 片（可以买一条 500 克鳎鱼，让鱼贩剔去骨头，不过要保留鱼皮和鱼骨头备用）、僧鲨鱼片 300 克、黄油 55 克、盐、胡椒。

鱼汤材料： 鱼片（见第 94 页）、水 1 升、胡萝卜 1 根（横向切片）、洋葱 1 个（切成细末）、月桂叶 1 片、墨角兰少许。

制作方法：

1. 把干的香菇在水里浸泡 30 分钟，然后煮到变软（约 30 ~ 40 分钟）。因为菌柄很硬，很脏，所以要把它去掉。把干美味牛肝菌在水里浸泡 20 分钟，保留浸泡用的水。

2. 用虾壳、鳎鱼皮和骨头（或另一种鱼的鱼头）来做鱼汤。倒上水，加入胡萝卜、洋葱、月桂叶和墨角兰，然后煮 1 个小时。煮好滤出鱼汤备用。

3. 把僧鲨鱼片切成小块，把鳎鱼的鱼片卷起来，用鸡尾酒木棒固定。

4. 在一个深度大于宽度的平底锅里融化黄油，把僧鲨炒 1 分钟。加入卷好的鳎鱼片、菌菇、虾和足量的鱼汤。鱼汤里可以加一些浸泡蘑菇用的水。用文火把鱼煮熟（约 10 分钟）。用盐和胡椒调味。

5. 与新煮的土豆或黄油面条一起送上餐桌。

灰喇叭菌藏红花明虾盖浇饭

这种盖浇饭是用小明虾和灰喇叭菌做的。因为灰喇叭菌烧熟后会变黑，非常漂亮。所以这道菜既饱你的口福，又饱你的眼福。

四人份

材料：灰喇叭菌 300 克、卡纳罗利米 150 克、橄榄油 4 汤匙、小洋葱 1 汤匙（切成细末）、干白葡萄酒 50 毫升、生虾 400 克、黄油 20 克、藏红花几束或藏红花粉 2 撮、柠檬汁 1 汤匙、欧芹细末 1 茶匙、盐、胡椒。

制作方法：

1. 清洗蘑菇，把米饭放在足量的盐水中煮 15 分钟，然后滤干，备用。

2. 处理虾和蘑菇。把油放在平底锅里加热，把洋葱煸炒到软。加入灰喇叭菌，焖几分钟。5 分钟后，加一些白酒，让酒精蒸发，再加上虾，加热 5 分钟。

3. 把黄油在另一个平底锅融化，加上松乳菇、柠檬汁和欧芹，再加上滤干的米饭，充分混合。用盐和胡椒给米饭和菌菇调味。

4. 上桌时可以把米饭和虾混合，也可以把菌菇和虾放在米饭的中心。

海鲜煎菌菇

在意大利，海鲜经常会和别的食材一起烹饪，成为一道有趣的菜肴。这道清淡的菜就是用菌菇和海鲜做出来的。吃的时候既可以配开胃酒，也可以配蔬菜沙拉，当头盘食用。

四人份

材料：黄皮口蘑 100 克、鲜美味牛肝菌 150 克、生的小虾 100 克、生的明虾 100 克、银鱼 100 克、鱿鱼或小章鱼 100 克、打好的鸡蛋 2 只、橄榄油（煎炸用）、干面包屑 100 克、面粉（涂抹用）、盐、胡椒、柠檬 2 颗（切成 4 块）。

制作方法：

1. 把蘑菇清洗干净，大的切成两半或 4 块。清洗海鲜，并剥壳。

2. 把打好的鸡蛋调味，在平底锅中把油加热到 180 摄氏度 ~ 190 摄氏度。如果你把一块面包扔进去后，在 30 秒内变成棕色，说明温度正好。

3. 把菌菇放在鸡蛋液里，然后在里面加上面包屑，在热的橄榄油里炸成金黄色。然后拿出来，放在厨房专用纸上吸干多余的油，保持温热。然后，把鱼在面粉里蘸一下，在热的橄榄油里煎成金黄色。

4. 上桌时，加上菌菇和柠檬。

菌菇鱿鱼

泰国人、日本人和中国人，经常会把菌菇和鱼烧在一起，而欧洲人一般会把菌菇和肉类一起烧。近几年，欧洲人也开始把菌菇和鱼一起烧，因为这是美妙的组合。这道美味佳肴，把我最爱吃的两种食物结合了起来。这道菜用的菌菇，可以用硫磺菌，也可以用其他大菌菇。

四人份

材料：硫磺菌 200 克、中等大小的鱿鱼 600 克（需要至少 4 条，也可以买小鱿鱼）、橄榄油 8 汤匙、大蒜 1 瓣（切成细末）、新鲜的小红辣椒半茶匙（切成细末）、新鲜的面包屑 6 汤匙、欧芹 1 汤匙（切成细末）、芫荽 1 汤匙（切成细末）、鸡蛋 2 个、干白葡萄酒 150 毫升、盐、胡椒。

制作方法：

1. 清洗硫磺菌，然后切成丁。清洗鱿鱼，拉出头和触手，把触手切成细末。

2. 把 4 汤匙橄榄油放在平底锅中，加入大蒜、辣椒和鱿鱼触手煸炒一下。往锅里加硫磺菌，煸炒到软，尽量让水分蒸发，用盐和胡椒调味。

3. 在大碗中，把菌菇、面包屑、欧芹、芫荽和鸡蛋混合后，用盐调味。在鱿鱼的身体里放硫磺菌（如果用小鱿鱼就很麻烦），然后用鸡尾酒棒固定。把鱿鱼放在剩下的橄榄油里面，每面煎炸 1 分钟，煎到呈现棕色，再加入葡萄酒。迅速煸炒，让酒精蒸发。关火即可上桌，上桌时可以加些菠菜。

香菇木耳鱿鱼

这道菜里的木耳、香菇和鱿鱼三者互补，极为完美。在中国和日本，木耳是常用的一种菌菇，但在欧洲，用得就不是很多。我的这道菜是用木耳、香菇、鱿鱼做的，里面还可以加一些糯米。无论是从食材还是香料来看，这道菜都有远东的特点，非常有趣哦。

四人份

材料：新鲜的香菇 200 克、新鲜木耳 150 克或干木耳 55 克（放在温水里浸泡 30 分钟）、鲜鱿鱼 700 克、玉米油 6 汤匙、花生油 1 汤匙、大蒜 4 汤匙（切成细末）、葱 1 小捆（切成细末）、剥皮的生姜 40 克（切成细末）、新鲜的红辣椒 1 汤匙、玉米粉 1 汤匙（放在 2 汤匙水中稀释，也可以不用）、酱油 1 汤匙、米醋 1 汤匙、1 个酸橙打成的汁、芫荽细末 2 汤匙、盐。

制作方法：

1. 清洗鲜香菇，修剪菌柄，把菌盖切成薄片，把木耳也清洗一下。把鱿鱼的身体切成圆环形，把触手切成细末。

2. 把玉米油和花生油放在一个炒菜锅或平底锅中加热，把大蒜、大葱、生姜和辣椒煸炒一会儿，加入香菇和木耳，炒 2 分钟。加鱿鱼，炒 3 分钟。再加玉米粉、酱油、米醋和酸橙的汁水，炒 2 分钟。加盐调味，撒上小茴香。

友情提示：如果你需要让这道菜水分多一些，可以像中国厨师那样，加点浓汤宝！

意大利牡蛎白松露蛋奶冻

虽然这种蛋奶冻很容易做，但它会给美食家留下深刻的印象。做这种蛋奶冻要用白松露。而在自然界里你不太可能找到白松露，寻找白松露要靠得到专门许可的松露猎人。猎人在猎狗的帮助下，半夜里在阿尔巴山脉寻找这种松露。做这种蛋奶冻，一人份的只需要 10 克白松露。如果你用黑松露，整道菜的成本会降低一些，但味道也会差一些哦！

四人份

材料：阿尔巴白松露 1 个（约 55 克）、鲜牡蛎（留下牡蛎壳）、黄油 20 克、蛋黄 6 个、干白葡萄酒 150 毫升、半颗柠檬打成的汁、松露油几滴、盐、胡椒。

制作方法：

1. 小心清洗松露，最后用"曼陀林"（一种刨花松露的特殊工具）切成薄片。

2. 一个盘子里放 4 只牡蛎，最好装在一个铜碗中，装一锅开水，融化黄油，加入白酒、柠檬汁、松露油、盐和胡椒，开始搅拌。

3. 不断地搅拌，直到蛋奶冻变成半固体。

4. 用匙子把蛋奶冻倒在牡蛎上，加上松露薄片。

第五章
肉

肉和菌菇是黄金搭档。蘑菇沙司给烤肉增加汁水，而且菌菇是砂锅肉和炖菜不可缺少的原料。在大多数野生菌上市的季节，野味也上市了。而且，野味和红肉的香味互补，极为完美。当我尝试为这本书做菜的时候，我想出了很多新菜，有一些用了动物内脏，这些菜在世界上很多地方（不仅是意大利）是传统菜。野味、红肉和动物内脏的味道都很浓，但这味道可以和更香的菌菇搭配。更好的肉，如小牛肉和鸡肉，也有一些与之互补的美味的菌菇，比如说鸡油菌和环柄菇。这本书里描述了约 40 种食用菌，其中 3/4 是野生的，1/4 是人工栽培的。无论你喜欢什么肉，你都可以找到一种或几种菌菇的组合与之相配。祝你好运！

两种牛肝菌的砂锅鸡

　　用鸡做菜，已经风靡全世界，但是，由于做法不对，做出来的菜往往不够入味。我给大家推荐一道用鸡和两种牛肝菌做的菜，很入味，很好吃。可以和好朋友一起分享哦。做这道菜用的鸡，最好是有机的散养鸡哦。记得，橙桦牛肝菌烹饪后会变黑，而美味牛肝菌仍然是白色的。

四人份

材料： 鲜美味牛肝菌和橙桦牛肝菌 350 克、无骨鸡肉 600 克，面粉少许（涂抹用）、橄榄油 6 汤匙、中等大小的洋葱 1 个（切成细末）、黄油 55 克、番茄酱 300 克（新鲜或罐装）、新磨的肉豆蔻 1 撮、百里香 1 小枝、欧芹细末 1 汤匙、干白葡萄酒 150 毫升、盐、胡椒。

制作方法：

1. 清洗牛肝菌，并切片。把鸡片裹上面粉，在油里煎到变成棕色。

2. 把洋葱和黄油放到橄榄油里，再加切片的牛肝菌，煸炒 1 ~ 2 分钟。加一些番茄酱、肉豆蔻、百里香和欧芹，炒 2 分钟。加白酒、盐和胡椒。

3. 把鸡放入平底锅中，加入一些汁水，再炒 15 分钟。做好和米饭一起送上餐桌。

蘑菇泥鸡卷

　　这道菜是用蘑菇泥做的，做法非常简单。

四人份

材料： 大鸡胸 4 块（无骨）、2 份野生蘑菇泥、黄油 60 克、橄榄油 2 汤匙、1 颗柠檬打成的汁。

制作方法：

1. 用保鲜膜把鸡胸肉包起来，用切肉刀拍打。

2. 把 1/4 的蘑菇泥放在每片鸡胸上，卷起来，用木制的鸡尾酒棒固定。

3. 在黄油和橄榄油里面煎，每面煎 3 分钟，直到全身都变成焦糖色。

4. 上菜时在鸡肉上倒上柠檬汁和一点点油，加上蒸过的菠菜和土豆泥。

毛头鬼伞无骨鸡肉片

我编这本书的时候，正是毛头鬼伞的生长季节，所以我用毛头鬼伞和鸡做了这道美味的菜。做这道菜的时候我只用了一点酒用来调味。因为毛头鬼伞会和酒发生化学反应，所以做的时候不能放很多酒，吃的时候也不能喝酒哦！

四人份

材料：小毛头鬼伞 400 克、鸡胸 4 块（去皮，无骨）、面粉（涂抹用）、黄油 85 克、橄榄油 4 汤匙、雪利酒 75 毫升、小茴香叶 4 汤匙、半颗柠檬打成的汁、盐、胡椒。

制作方法：

1. 清洗、修剪毛头鬼伞。

2. 用保鲜膜把鸡胸肉包起来，拍打成薄片。

3. 在鸡片上涂上面粉，放在平底锅中，用热的黄油和橄榄油煎一下，两面都要煎成焦糖色，然后把鸡肉拿出来。

4. 在同一只平底锅中，把毛头鬼伞煸炒几分钟，加雪利酒，接着炒一会儿让酒精蒸发。

5. 再加入鸡肉和盘中所有的汁水，烧的时间需要长一些，让它入味。加小茴香、一些柠檬汁、盐和胡椒调味。

菌菇砂锅鸡

中国的云南盛产菌菇，约有二百多种可食用的野生菌，譬如香菇。在我的朋友肯·霍姆的支持下，我照他书里介绍的方法，用香菇做出了一道新奇有趣的菜肴。在菜肴里，我还加了一些干燥的羊肚菌哦！

四人份

材料：干香菇 25 克、干羊肚菌 25 克、鸡大腿 600 克、花生油 2 汤匙、新鲜生姜 6 片、干米酒 1 汤匙、老抽 1 汤匙、细白砂糖 2 汤匙、鸡汤 225 毫升、玉米粉 1 茶匙。

腌泡汁材料：生抽 1 汤匙、日本米酒 2 汤匙、老抽 1 茶匙、芝麻油 1 茶匙、盐半茶匙、玉米粉 1 茶匙。

制作方法：

1. 把干香菇和羊肚菌放在温水里浸泡 20 分钟。把硬硬的菌柄从菌菇上面切下来，把香菇切成两半，羊肚菌不要切。去掉鸡大腿上的皮和骨头，把它切成长约 7 厘米、宽约 3 厘米的小块。把鸡肉放在生抽、日本米酒、老抽和芝麻油里腌泡 20 分钟。

2. 在炒锅或大平底锅中加入花生油，把生姜煸炒 2 分钟，加入鸡肉、生抽、日本米酒、老抽和芝麻油，再煸炒 2 分钟。把炒锅里的食材放入一个砂锅中，加入其他食材，但不加玉米粉。盖上盖子，用中火煮 15 分钟。再把盖子打开，拌入玉米粉和 1 茶匙水，再煮 2 分钟。去掉生姜，再与白米饭一起送上餐桌。

卡普·卡兰·科里咖喱鸡

甘尼香先生在新德里花园饭店当小职员。这道菜我是从他那里学来的，用的是四大名菌之一的羊肚菌。羊肚菌在印地语里叫作"古奇"，生长在尼泊尔、克什米尔地区和中国西藏。在印度，羊肚菌有三个"最"：最流行、最受欢迎、最昂贵。虽然几年前我买到了一种便宜的羊肚菌（见第54页）。

四人份

材料： 无骨鸡胸 8 块（约 800 克）、黄油、花生油 2 汤匙、咖喱叶 30 片、芫荽 16 小枝、盐。

填料： 中等大小的干羊肚菌 24 朵（在温水里浸泡 20 分钟）、菜油 2 汤匙、洋葱 55 克（切成细末）、大蒜 1 汤匙（切成细末）、鲜生姜 2 汤匙（切成细末）、鲜青椒 1 汤匙（切成细末）、鸡肉 250 克（去皮、去骨、切成细末）、高脂肪浓奶油 1 汤匙（可选）。

沙司料： 椰子肉 200 克（磨成粉）、小豆蔻的种子 5 颗、去壳的腰果核 55 克（浸泡在水里，滤干）、花生油 75 毫升、洋葱细末 700 克（切成细末）、生姜糊 1 汤匙、大蒜糊 2 汤匙、芫荽粉 1 茶匙、红辣椒粉半茶匙、姜黄根粉 1/4 茶匙、新鲜的番茄糊 500 克。

制作方法：

1. 预热烤箱到 200 摄氏度。把鸡胸剥皮，横向劈开，盖上保鲜膜，捶打成薄片。

2. 做填料时，首先滤干羊肚菌（保留浸泡羊肚菌用的水）。把 12 朵羊肚菌切成细末，另外 12 朵羊肚菌切丝，准备做沙司。在不粘锅中加热菜油，把洋葱、大蒜、生姜和辣椒煸炒到软，再加切末的羊肚菌和鸡肉末。等鸡肉末炒熟后，加一些浸泡用的水，用盐调味，把火关掉。为了让它不要太干燥，可以加一些奶油。

3. 用盐给鸡胸调味，放上羊肚菌和鸡肉末。把鸡胸紧紧地卷在涂了黄油的铝箔里，边缘要卷起来，盖严实。

4. 做沙司。把椰子、小豆蔻籽和腰果放在研钵中，研磨成细粉。把花生油放在平底锅中，用中火加热直到快冒烟，再加切好的洋葱，煸炒到呈现淡棕色。加一些生姜和大蒜糊，不停搅拌，直到闻到生姜和大蒜味道。加椰子糊，再加磨好的芫荽、红辣椒和姜黄根，搅拌 2 分钟。然后加新鲜的土豆泥和浸泡用的水。开火煮 20 分钟。

5. 把鸡肉卷放在烤盘里，在预热好的烤箱中烤 20 分钟。

6. 最后，加热 2 汤匙花生油，把咖喱叶子煸炒一会儿。一半做饰菜，另一半放在沙司中。再把沙司煮 5 ~ 6 分钟，调一下味道，再加入鸡卷，轻轻搅拌。

7. 把切丝的羊肚菌在 15 克黄油里煸炒 1 分钟，在沙司中放一半羊肚菌，另一半用来点缀。

8. 用剩下的羊肚菌（切丝），咖喱叶和小茴香点缀。

鸡肉炒菌菇

　　这道菜里用了意大利最常见的鸡肉和小牛肉，而且这些肉是打成薄片的。做这道菜的时间很短，很像快餐。我在这道菜里加了些鸡蛋和菌菇，使这道菜有特别的味道，让人吃了忘不了。

四人份

材料：鸡胸 4 块（每块约 115 克，去皮）、面粉 2 汤匙、欧芹（芫荽或其他香草）细末 1 汤匙、打好的鸡蛋 2 只、橄榄油（煎炸用）、人工培育的紫丁香蘑 400 克、黄油 55 克、大蒜 1 个（切成细末）、鸡汤或水 2 ~ 3 汤匙、欧芹细末 1 汤匙、盐、胡椒。

制作方法：

1. 清洗紫丁香蘑，大的切成 4 块。

2. 在平底锅里，把黄油融化，加入大蒜。煸炒几秒钟。加入一些菌菇，炒 8 ~ 10 分钟，加入高汤或水，加盐、胡椒和欧芹。

3. 同时，准备鸡胸。把它们切成 1 厘米厚的无骨肉片，并裹上一层面粉。在打好的鸡蛋液里加一些欧芹、芫荽、盐和胡椒。

4. 把裹上面粉的鸡胸放在鸡蛋液里面蘸一下，然后放在锅里面用一点橄榄油炸一下。每一面都要炸成焦糖色，与紫丁香蘑一起上菜。如果你愿意，可以加一些土豆片。

松乳菇鸭子

　　鸭子通常有很多油，但如果只用鸭胸，并且去了皮，它就容易很入味了，并且一点也不油腻。这道菜很适合东欧王子。因为这道菜里用到的蘑菇他们很喜欢，但我认为平民百姓也一样喜欢吃哦。

四人份

材料：松乳菇 200 克、干羊肚菌 10 克（在温水中浸泡 20 分钟）、鸭胸 4 块（每块约 140 ~ 175 克，去皮）、橄榄油 3 汤匙、小青葱 1 根（切成细末）、帕尔马火腿 55 克（切成小长条）、小黄瓜 2 只（切成细末）、黄油 1 块（蘸上面粉）、干的雪利酒 2 汤匙、盐、胡椒。

制作方法：

1. 清洗和修剪新鲜的松乳菇，然后在沸水中焯几分钟。充分滤干、切片。滤干和修剪干燥的羊肚菌，保留浸泡羊肚菌用的水。

2. 把鸭胸放在橄榄油里，两面煎炸，直到熟透，大约 5 分钟。从平底锅中拿出来，保持温热。向锅中加入青葱和火腿，煸炒几分钟。然后加松乳菇、滤过水的羊肚菌和酸黄瓜。煸炒 5 分钟。

3. 把鸭子放回平底锅中，拌入黄油和面粉，用中火煮 10 分钟。倒上雪利酒，用盐和胡椒调味。加热 1 分钟左右，让雪利酒蒸发，趁热送上餐桌。

四喜蘑菇烤猪肉

在这道菜里，我把多汁、多味的猪肉与四种蘑菇配在一起。最初我用的是三种不同颜色的蚝蘑，但是我们在拍照片的时候，一个朋友带来一个大的硫磺菌，所以我把硫磺菌也用到了这道菜里。如果你是我的话，你会这样做吗？

六人份

材料：猪肉 1 块（取 1.9 千克处理过的里脊肉）、盐 1 汤匙、大蒜 1 瓣（切成细末）、新鲜的红辣椒半茶匙（切成细末）、迷迭香 1 小枝（切成细末）、百里香叶 1 汤匙、橄榄油 2 汤匙。

炖蘑菇的材料：蘑菇 800 克（粉红色、黄色的侧耳，香菇，硫磺菌）、橄榄油 6 汤匙、中等的红辣椒 1 根（切成片）、干白葡萄酒 150 克、白醋半汤匙、肉豆蔻 2 ~ 3 粒、山萝卜叶 2 汤匙、盐、胡椒。

制作方法：

1. 预热烤箱至 220 摄氏度，在猪肉的裂纹上面涂一点盐，在烤箱里烤 40 分钟。

2. 把大蒜、红辣椒、迷迭香、百里香和橄榄油混合在一起，然后把猪肉拿出烤箱，把它们涂在猪肉上，再把肉放回到烤箱里烤 40 分钟。

3. 把蘑菇清洗干净，小的蚝蘑不用切，大的则切成两半。把香菇和硫磺菌切成片，把油放在炒锅里加热，加入大蒜和辣椒，煸炒一下。加入蘑菇，用武火煮 5 分钟，再加酒和醋，煮 2 分钟。在上桌之前，加入肉豆蔻、盐、胡椒和山萝卜叶。把猪肉放到一个大盘子里，周围放上蘑菇，再放在热的盘子上面。

香肠、小扁豆和菌菇

　　在秋天和冬天，意大利人最喜欢吃熏香肠配扁豆。熏香肠是由纯猪肉做的，还用到了富含胶质的猪耳朵和猪脸。熏香肠烹饪时间长，鲜美多汁。用它配上扁豆（最好用产自卡斯特卢乔的）和蘑菇，就更美味了！

四人份

材料： 橙桦牛肝菌（或紫丁香蘑）300 克、猪肉香肠 2 根（每根 350 克，生的或熟的）、橄榄油 8 汤匙、大蒜 2 瓣（切成细末）、小番茄 8 颗（切成两半）、胡萝卜 1 根（切丁）、芹菜 1 根（切丁）、卡斯特卢乔小扁豆（或普伊小扁豆）200 克、鸡汤 800 毫升（见第 94页）、迷迭香 1 小枝（切成细末）、盐、胡椒。

制作方法：

1. 清洗橙桦牛肝菌（或紫丁香蘑），大的切成两半或 4 块。熟的香肠蒸 30 分钟，生的要蒸 2 ~ 3 个小时。

2. 把 4 汤匙橄榄油放在平底锅里，加 1 瓣大蒜，煸炒 30 秒钟。加入橙桦牛肝菌，炒到变软。

3. 在一个大砂锅里，把剩下的 4 汤匙油热一下，把土豆、胡萝卜、芹菜和剩下的大蒜煸炒到软。加入小扁豆和高汤，煮到小扁豆完全变嫩（需要 20 ~ 30 分钟）。加入迷迭香，用盐和胡椒调味，必要时可以加一汤匙水。

4. 趁热和熏猪肉香肠片一起送上餐桌（也可以和煮土豆一起上桌）。

友情提示： 如果用卡斯特卢乔小扁豆，高汤可以少放一些，只需烧煮 20 分钟；如果用普伊小扁豆，需要的高汤就多一些，时间也长一些。

羊肉和羊肚菌

　　春风拂过山林，春雨滋润万物，随着布谷鸟的第一声啼叫，有一种菌子会破土而出，迎接春天的到来，这是什么菌子呢？它就是羊肚菌。羊肚菌色、香、味俱全，和嫩嫩的小羊肉烧在一起，就做成了一道美味佳肴。在其他季节，你可以用干羊肚菌做（55 克就足够了）。

四人份

材料： 鲜羊肚菌 400 克、羊脖子上的嫩肉 1 块（400 克，去骨）、橄榄油 4 汤匙、葱 1 小捆（切成粗末）、迷迭香 1 小枝（切成细末）、盐、胡椒。

制作方法：

1. 清洗羊肚菌，如果不大的话，就不用切。去掉羊肉上的脂肪，切成 1 厘米厚的圆片。

2. 在羊肉片上加点盐，在 2 汤匙油中煎一下，两面都要煎。保持温热。把剩下的 2 汤匙油加到平底锅里，煎 5 分钟，加羊肚菌和迷迭香，再煎 10 ~ 15 分钟，直到羊肚菌熟透。当你用干燥的羊肚菌时，你可以加一点浸泡用的水。

3. 把圆的羊肉片放回平底锅里，用盐和胡椒调味，与羊肚菌一起加热。加热后立即送上餐桌。

友情提示： 你也可以用其他部位的肉，但量要多一些（需要 600 克羊肉）。

羊肩肉和菌菇

这道菜是尼尔街餐厅最受欢迎的菜之一，是用羊肉和野生菌做的。羊肉的做法是我的厨师长安德里亚·卡瓦利埃想出来的，搭配菌菇的做法是我想出来的。羊肉和菌菇放在一起，真是绝配。我们虽然都生在意大利，但是我们都是在英国生活、工作的，所以我觉得这道菜与其说是意大利的，不如说是英国的。当然它用到了一些英国的配料。好吃的羊肉和无处不在的野生菌！在餐厅里，羊肩肉、菌菇是和意大利玉米粥一起上桌的。

六人份

材料：贝叶多孔菌 200 克、干美味牛肝菌 15 克、小羊肩膀上的肉 4 块（让屠夫帮你去骨头）、欧芹和迷迭香各 1 汤匙（切成细末）、面粉（涂抹用）、橄榄油 8 汤匙、中等大小的洋葱 1 个（切成细末）、芹菜 1 根（切成细末）、黑胡椒籽 1 汤匙、鸡汤或蔬菜汤 500 毫升、白酒 300 毫升、伍斯特郡沙司 2 汤匙、盐、胡椒。

制作方法：

1. 清洗贝叶多孔菌，把它切成小片。把干美味牛肝菌放在温水里浸 20 分钟，然后滤干，切成细条，保留浸泡用的水。除去羊肩上的脂肪，每一片羊肉都要有 200 克左右重。把羊肉片平放在桌面上，去骨的那一面朝上。

2. 把切好的欧芹、迷迭香、大蒜混合在一起，用盐和胡椒调味，均匀地涂在羊肉上面。把羊肉片卷成一样的形状，用绳子串起来。涂上面粉，放在砂锅里，用油炸一下，每隔几分钟翻个身，直到全部都变成棕色。往砂锅里加一些洋葱、芹菜、和胡椒籽，简单地炒一下，加一些高汤、酒和伍斯特郡沙司。盖上盖子，然后在炉子上用文火烧 1 小时。不时翻转一下。

3. 一小时过后，大部分液体都蒸发掉了，剩下的液体仍然可以做沙司。首先加贝叶多孔菌和美味牛肝菌，必要时，加一点浸泡菌菇用的水，再煮 30 分钟。调味后再上桌。我喜欢把这道菜和玉米粥一起上桌。你可以用传统的玉米粥或煮 5 分钟的玉米粥（见第 159 页），用帕尔马干酪和黄油调味。

牛肉煎饼

为了庆祝在英国住了三十年，我把给我印象最深的两种英国原料——菌菇和牛肉——都用在了这道经典菜肴里。因为我对蘑菇的热情始终不减，在英国有很多野生蘑菇，所以这两种配料在这里都是不能不提的。做这道菜需要一些时间，为了招待客人，你可以事先把它做好，然后只要放在烤箱里烤就行了。

六到八人份

材料： 上等牛肉片 800 克~1 千克、黄油 30 克、油酥糕饼 250 克、野生蘑菇泥（见第 95 页）、打好的鸡蛋黄 2 个、盐、胡椒。

煎饼材料： 牛奶 125 毫升、面粉 55 克、鸡蛋 1 只（打液）、黄油。

沙司材料： 胡萝卜 55 克（切丁）、芹菜 55 克（切丁）、小洋葱 1 个（切成细末）、黑胡椒籽 6 粒（压碎）、月桂叶 3 片、百里香叶半茶匙、面粉 1 汤匙、红酒 100 毫升、牛肉汤 500 毫升、马德拉白葡萄酒 75 毫升、黄油 30 克。

制作方法：

1. 预热烤箱到 200 摄氏度。

2. 做煎饼。在搅拌机里加牛奶、面粉、鸡蛋和盐，搅拌成糊状。准备一个 35 厘米见方的烤盘，烤盘底部铺上烤纸，涂上黄油，倒上混合物。在预热好的烤箱里烤 10~15 分钟，直到成形。让它冷却。

3. 在牛肉上撒上盐和胡椒，在大的平底锅里加热黄油和橄榄油，牛肉要每面都煎到焦黄。

4. 把面团做成长方形，大小和牛肉一样。在这个长方形的煎饼上面撒上蘑菇泥。把牛肉放在煎饼上，轻轻地把它放到卷起来的面皮上，然后完全裹在面皮里，顶上一定要封口。放在刷过油的烤盘里，用鸡蛋液刷一下，在预热好的烤箱里烤 25 分钟，直到面团变成金黄色，牛肉呈现粉红色。

5. 在煎牛肉的平底锅里，加入蔬菜、胡椒籽、月桂叶、百里香，煸炒到蔬菜变软。轻轻拌入一些面粉，加一些白酒，搅拌，让肉汁吸收。加高汤煮，不时地搅拌一下，让沙司中的水分吸收，去掉月桂叶，然后过筛。加马得拉白葡萄酒和黄油，搅拌均匀。从烤箱中拿出牛肉，切片，放在热盘子上，与一些菠菜或法国豆子一起送上餐桌。做这道菜的时间可能长了一些，但是很值得，因为这道菜实在太美味了。

苏格兰香菇牛肉

这道菜是用牛肉、香菇、辣椒和芫荽做的，有一种东方的味道，令人难忘。如果你喜欢，也可以用其他蘑菇，如杏鲍菇。

六到八人份

材料： 橄榄油 4 汤匙、香醋 2 汤匙、英格兰芥末 1 汤匙、牛肉片 1 片（450 克）、新鲜的菌盖或香菇 400 克、橄榄油 3 汤匙、葱 2 汤匙、大蒜 1 瓣（压碎）、鲜红辣椒 1 汤匙（切成细末）、干红葡萄酒 2 汤匙、芫荽叶 2 汤匙、盐、胡椒。

制作方法：

1. 把 2 汤匙油、醋、芥末、盐和胡椒混合在一起，把肉放在里面腌泡几个小时。

2. 做牛肉片。把剩下的油放在锅里加热，加牛肉，两面都煎一下，加一些盐和胡椒，煮 10 分钟。这时牛肉的中间仍然是粉红色的。

3. 修剪香菇，去掉菌柄。把橄榄油放在平底锅里面，把大蒜和辣椒放在里面煸炒一下。加入香菇，煸炒几分钟。加一些酒、盐和胡椒，再煸炒 5 分钟，最后加芫荽叶。

4. 把牛肉片、香菇、面包、白米饭或土豆泥一起送上餐桌。

牛排牡蛎菌菇馅饼

我有一个爱尔兰朋友，她叫达琳娜·艾伦，是个顶级厨师。有一次，我打电话向她打听一道爱尔兰菜的做法，她很热情地做了介绍。这道菜是用贝类、肉类和菌菇做的，是圣布利吉特节的保留菜。

四人份

材料： 四孢蘑菇 225 克、黄油 60 克、上等牛肉 675 克（切丁）、大洋葱 1 个（切成细末）、面粉 2 汤匙、上等牛肉汤 600 毫升（94 页）、本地的大牡蛎 12 只、油酥饼皮 250 克、打好的鸡蛋 1 个、盐、胡椒。

制作方法：

1. 清洗菌菇，然后切片。把 30 克黄油放在砂锅里融化，给牛肉丁调味，然后把它煎成棕色。取出牛肉。加些洋葱，炒 5 ～ 6 分钟。加入面粉，搅拌充分，再烧 1 分钟，加高汤，把肉放回砂锅里。煮沸后，盖上盖子，用文火煮 1.5 ～ 2 个小时，然后冷却。在另一个平底锅里面把剩下的黄油融化后，把切片的菌菇翻炒一下，调味。

2. 预热烤箱到 230 摄氏度。打开牡蛎壳，汁水要保留。在做好的肉里加入一些菌菇、牡蛎和牡蛎的汁水，充分混合，冷却。把面团卷起来，大小必须和馅饼盘相等。把肉、牡蛎和菌菇放到馅饼盘里，用面皮覆盖，压在馅饼盘的外面，封口。刷蛋液，在预热好的烤箱里烤 10 分钟。然后把温度调到 190 摄氏度再烤 15 ～ 20 分钟，面皮膨胀、酥脆后，立即送上餐桌。

宽鳞多孔菌炖小牛胫

这道特殊的意大利菜是世界闻名的。它是用小牛的小腿肉做的。我在小牛胫里加了一些菌菇，味道真是好极了！

四人份

材料：宽鳞多孔菌 300 克、干美味牛肝菌 20 克、干羊肚菌 10 克、小牛胫 4 片（每片 225 克）、面粉（涂抹用）、橄榄油 4 汤匙、小洋葱细末 1 汤匙、红葡萄酒 150 毫升、意大利番茄（罐装）、盐、胡椒。

制作方法：

1. 充分清洗宽鳞多孔菌，然后切片。把干羊肚菌和干美味牛肝菌放入温水中浸泡 20 ~ 30 分钟，滤干。保留浸泡用的水。修剪羊肚菌的菌柄。

2. 在牛肉上撒盐，涂抹面粉，把橄榄油在大砂锅中加热，每次煎炸 2 片牛肉片，直到两面都变成焦糖色。从砂锅里拿出来。在同一锅橄榄油里，煎炸切好的洋葱直至变成淡焦糖色，加羊肚菌、美味牛肝菌和红葡萄酒，蒸发约 1 分钟。加宽鳞多孔菌、番茄（剥皮并滤干一半汁水）、盐和胡椒调味。盖上砂锅的盖子，在炉子上面用文火煮 1.5 小时，煮至软嫩。与白米饭或汤团一起送上餐桌。

美味牛肝菌小牛肉片

"美味牛肝菌"这个名字可真是名副其实，它实在是太美味了，可以和任何食材搭配在一起。这道菜里，我把美味牛肝菌和小牛肉片搭配在一起，它可以做主菜。这道主菜，可以和大蒜、迷迭香炒土豆一起吃。吃的时候先喝一碗清淡的肉汤。

四人份

材料：鲜美味牛肝菌 300 克、丁字骨小牛肉片 4 片（每片 250 克）、面粉（涂抹用）、黄油 55 克、鼠耳草叶 8 片、干白葡萄酒 4 汤匙、上等橄榄油 4 汤匙、大蒜 1 瓣（切成细末）、欧芹 2 汤匙（切成细末）、盐、胡椒。

制作方法：

1. 充分清洗美味牛肝菌，切片。

2. 把牛肉片裹上面粉，甩掉多余的面粉。在大的平底锅里融化黄油，用温火煎牛肉片，每面都要煎成焦糖色。加入鼠尾草叶和酒，再煮几分钟，必要时翻一下。

3. 在另一个平底锅里，把菌菇在油里煎炸至焦糖色，加一些大蒜和欧芹，炒 2 分钟，用盐和胡椒调味。把小牛肉片送上餐桌时，加一些鼠尾草叶、白葡萄酒和美味牛肝菌。

冬鸡油菌辣椒肾

　　当菜谱里提到"香辣"这个词时，你可以肯定这道菜里放了很多辣椒。这道菜也不例外，但我控制了辣椒的量，以适应顾客的口味。冬鸡油菌很适合做这道菜，因为它会渗出很多汁水，这些汁水和白葡萄酒一起，就成了美味的沙司。

四人份

材料：冬鸡油菌 400 克、大土豆 2个（约 700 克）、小牛的肾脏（俗称腰子）700 克、面粉（涂抹用）、橄榄油 8 汤匙、大蒜 2 汤匙（切成细末）、新鲜的红辣椒末 2 汤匙、马沙拉白葡萄酒 75 毫升、鼠耳草叶 6 ~ 8 片、半只柠檬打成的汁、盐、胡椒。

制作方法：

　　1. 清洗冬鸡油菌。把土豆连皮放在盐水中煮到变嫩（约 15 ~ 20 分钟）。滤干，剥皮，切成 2.5 厘米厚的片。

　　2. 把腰子切成 1 厘米厚的长条，裹上面粉，在大平底锅中，用 4 汤匙橄榄油把腰子煎一下，直到两边都变脆。

　　3. 在同一个锅里加大蒜和辣椒，煸炒一下。加冬鸡油菌，炒 3 分钟。再加马沙拉白葡萄酒、鼠尾草叶和一些盐、胡椒炒 4 ~ 5 分钟，加上腰子和柠檬汁，一起煸炒。

　　4. 把土豆片放在剩下的 4 汤匙油里，煎到两面都成焦糖色。与腰子一起送上餐桌。

◀ 一束鼠耳草

灰喇叭菌小牛胰腺

人们常说，吃动物的内脏对身体不好，但是胰脏、肝脏、肾脏却深受美食家的喜爱。我们意大利人还喜欢动物的其他部位，像脊髓、牛肚、脑子、脾脏和睾丸，会把它们做成一道道美味的菜。总有一天，我会写一本完整的内脏食谱！

四人份

材料：灰喇叭菌 350 克、小牛胰腺 600 克、面粉（涂抹用）、橄榄油 2 汤匙、黄油 60 克、大蒜 2 瓣（切成细末）、鲜红小辣椒 1 根（切成细末）、干红葡萄酒 3 汤匙、欧芹 2 汤匙（切成细末）、薄荷 1 汤匙（切成细末）、1 颗柠檬打成的汁、盐、胡椒。

制作方法：

1. 清洗灰喇叭菌，把胰腺放在盐开水里焯 20 分钟，滤干，冷却。把所有的肌肉和神经切除。把胰腺切成圆片，裹上面粉。

2. 把橄榄油和黄油在大的平底锅里加热一下，用中火煎胰腺圆片，直到每面都变成焦糖色。从平底锅中拿出来，并保持温热。

3. 把大蒜、辣椒和灰喇叭菌放在同一个平底锅中，煸炒一下。

4. 加葡萄酒、欧芹、薄荷、盐和胡椒。把胰腺放回平底锅，加柠檬汁，搅拌一下，和烤面包或蒸米饭一起送上餐桌。

生美味牛肝菌鹿肉片

　　这道菜是用鹿肉片和美味牛肝菌做的。鹿肉片用的是鹿身上最嫩的那块肉。这种肉片要打成像纸一样薄的片（约五毫米厚），然后放在两张保鲜膜之间。鹿肉是最健康的红肉之一，和小小的、嫩嫩的美味牛肝菌配在一起，又简单，又开胃。

　　我把这道菜引进我的饭店，结果非常成功。

四人份

材料：小美味牛肝菌 300 克、薄鹿肉片 250 克（切成薄片）、1 颗半柠檬打成的汁、盐、胡椒。

制作方法：

1. 把美味牛肝菌清洗干净，切成薄片。

2. 把很薄的无骨鹿肉片，从中心向边缘，平铺在 4 个盘子上。

3. 用柠檬汁、油、盐、胡椒做成色拉调味汁，在肉上面淋上一些色拉调味汁。在上面放切片的美味牛肝菌。淋上剩下的色拉调味汁，然后撒上欧芹和磨得很粗的胡椒。可以和面包配在一起作为开胃菜吃。

冬鸡油菌兔肉砂锅

我们到乡下去，很容易采到食用菌，但野味就不容易得到。怎么办呢？没关系，肉类可以到肉店去买！野味和野生菌，是最佳搭档！

六人份

材料：冬鸡油菌 300 克、兔子 1 整只（约 800 克）、面粉少许（加调味料）、橄榄油 8 汤匙、黄油 30 克、中等大小的青葱 10 根、月桂叶 2 ~ 3 片、大蒜 2 ~ 3 瓣、迷迭香 1 小枝、百里香叶 1 汤匙、白醋 1 汤匙、干白葡萄酒 500 毫升、鸡汤（见第 94 页）、盐、胡椒。

制作方法：

1. 小的鸡油菌不用切，大的切成两半。

2. 清洗兔肉，切成 4 块，裹上有调味料的面粉。把橄榄油和黄油放在大平底锅里加热一下，把兔肉煎到全身变成棕色。在同一个平底锅中加整根青葱和蒜瓣，煸炒一下，放到一个砂锅里。在砂锅里加兔肉、月桂叶、蒜瓣、迷迭香、百里香、醋和酒，让它慢慢地在炉子上炖 40 分钟，盖子要打开。用盐和胡椒调味，必要时加些鸡汤。最后加鸡油菌，轻轻搅拌混合，炖直到熟为止。趁热送上餐桌，上菜时加上煮土豆或米饭。

芥末焖兔肉

法国人喜欢用野味和禽类做菜，通常是炖着吃的。做这种菜的食材有多种，但大多数，他们都是用鸡做的。我给大家推荐的这道秋季美味佳肴，是用兔肉和菌菇做的，味道就不一般了。

六人份

材料：双孢蘑菇 300 克、大的兔子 1 整只（约 675 克，去骨，把肉切成块状）、面粉（加调味料，涂抹用）、黄油 40 克、培根（或熏猪肉）100 克、小洋葱 12 个、大蒜 1 瓣（切成细末）、香草（欧芹、百里香、月桂叶）1 束、干白葡萄酒 150 毫升、鸡汤或牛肉汤 200 毫升、第戎芥末 2 汤匙、欧芹 1 汤匙（切成细末）、盐、胡椒。

制作方法：

1. 清洗、修剪双孢蘑菇，大的切成 4 块。把兔肉块涂抹上加调味料的面粉。

2. 在大砂锅里融化黄油，直到发出咝咝声。加兔肉，每面都要煎成棕色。加入切成条状的培根，再加入一些洋葱和大蒜，炖 5 分钟。加香料、酒和双孢蘑菇，几分钟后加入高汤。

3. 煮沸后，把火关小，炖 20 ~ 30 分钟，或炖到兔子变嫩。把芥末拌入沙司中，调味。上菜时，撒上欧芹，加上煮土豆或面包。

绣球菌炖鸡胸
——谨以此菜献给威尔士王子殿下

　　威尔士王子曾经告诉我，他在巴尔莫勒尔森林中自己找到了绣球菌。这绣球菌足足有 2 千克重，给他留下了深刻的印象。我不知道皇室家庭的主厨是如何用绣球菌做菜的，但是他们给王子做的菜，一定很好吃，要不王子怎么会那么喜欢吃呢？我曾经在一家卖中国食品的商店看到一种与绣球菌相似的干蘑菇，可以用它来代替绣球菌。

四人份

材料：绣球菌 500 克、大的雄鸡胸 4 个、面粉少许、橄榄油 8 汤匙、黄油 40 克、洋葱 1 个（横向切成 6 片）、月桂叶 4 片、迷迭香 1 小枝、杜松子 10 个、蓝莓 500 克、干白葡萄酒 100 毫升、番茄 6 颗（切丁）、新磨的肉豆蔻、盐、胡椒。

制作方法：

　　1. 把绣球菌切成杏子大小的块状。

　　2. 把雄鸡胸裹上面粉，在平底锅中把黄油和橄榄油加热，然后把雄鸡胸放到里面煎一下，每面煎炸 2 ~ 3 分钟，因厚度而异。加洋葱、肉桂叶、迷迭香、杜松子和蓝莓，翻炒 5 分钟。然后加葡萄酒和番茄，接着炒一下，让酒精蒸发。充分混合后，再加绣球菌，再过 7 ~ 10 分钟就烧熟了。加盐、胡椒和少许肉豆蔻调味。

　　3. 上桌时加上涂黄油的土豆泥或烤土豆。

野味菌菇大餐

秋天，是蘑菇生长的季节，也是野味的生长季节。但是，像美味牛肝菌、黄皮口蘑、鸡油菌和羊肚菌这样的真菌，是出现在春季的，秋季很难找到。这四种蘑菇的组合是最佳的，和野禽搭配在一起就是绝配了。如果你要让味道更浓一些，可以加入刨花的松露或松露油，味道好极了！

六人份

做野味材料：雉鸡、鸽子、鹌鹑和鹧鸪胸部的肉，面粉（涂抹用），黄油 85 克，橄榄油 2 汤匙，白兰地酒 2 汤匙，松露油 1 茶匙，陈的香醋 2 汤匙，鸡汤（见第 94 页）或浸泡羊肚菌用的水，盐，胡椒。

做菌菇材料：黄皮口蘑 200 克、鲜美味牛肝菌 200 克、鸡油菌 200 克、鲜羊肚菌 100 克或 30 克干羊肚菌（在温水里浸泡 30 分钟）、黄油 40 克、橄榄油 2 汤匙、半只柠檬打成的汁。

甜菜根沙拉（可选）：甜菜根 800 克、香醋 4 汤匙、芫荽叶 2 汤匙。

制作方法：

1. 首先做甜菜根沙拉。焯水的甜菜根稍微冷却后剥皮，切薄片。加入醋、芫荽、盐和胡椒，待甜草根完全冷却后，味道就渗透进去了。

2. 清洗、修剪菌菇。把黄皮口蘑切成 4 块。小的鲜美味牛肝菌不用切，大一些的切成两半。把鲜羊肚菌切成两半。滤干浸泡的干羊肚菌，预留浸泡用的水。

3. 把野禽胸部的肉裹上面粉（从最大块的肉开始），把它们在黄油和橄榄油里煎一下，直到它们呈淡棕色。

4. 用同样的方法把所有的野禽都煎一下，最后烧最小、最嫩的鹌鹑肉。当所有的野禽都煎好后，把它们放在一边，并其保持温热。

5. 把白兰地、松露油和香醋加入平底锅中。需要时，加一些高汤或水，直到沙司做好，用盐和胡椒调味。把野禽肉放回到平底锅中，让肉充分吸收汁水，保持温热。

6. 把菌菇放在另一个锅里加热。加羊肚菌，然后加鸡油菌、美味牛肝菌，最后是黄皮口蘑，煎到变成棕色。完成时加入盐、胡椒和柠檬汁。

7. 上菜时，把野禽放在一个大盘子里，用菌菇点缀，再上甜菜根沙拉。最后打开几瓶红酒，尽情地享用吧！

食谱中用到的蘑菇

词语解释

贴生（与菌柄紧贴）

附着（菌褶附着在菌柄上）

伞菌（褶菌中较大的一科）

子囊菌（高等真菌，孢子产生于子囊中）

基的（菌柄与菌丝交界的）

孢子台（产生孢子的棒状细胞）

担子菌（高等真菌，孢子产生于孢子台中，如伞菌）

牛肝菌（真菌的一种，中央有菌柄，有菌孔）

菌盖（菌的上部，通常产生孢子）

叶绿素（植物具有的产生光合作用的物质）

同心的（菌盖上的鳞片排列成圆形）

同色的（具有相同的颜色）

凸起的（菌盖呈圆形或凸起）

紧密的（菌盖下的菌褶排列紧密）

表皮（菌盖上的表皮）

延生的（从菌柄上长下来）

地上的（生长在地上）

偏心的（菌盖偏向菌柄的中心）

外皮（马勃及其近亲的外层）

纤维状的（有纤维覆盖的）

离生的（与菌柄分离的）

多叶的（阔叶或落叶树）

子实体（从菌丝体上长的真菌）

真菌（子实体从菌丝体上长出来，无叶绿素，但有孢子）

腹菌（孢子在子实体内部成熟，如马勃）

属（有共同性质的物种的统称）

菌褶（位于菌盖下部的组织，里面有孢子囊，产生孢子，如伞菌）

产孢组织（腹菌下面的产孢组织）

菌丝体（子囊菌和担子菌中产生孢子的一层）

菌丝（微小的丝状体，产生菌丝体和丝状物）

地下的（长在地下的）

内卷的（菌盖向菌褶内部卷起）

菌褶（菌盖内侧的皱褶部分）

侧生的（菌盖向两侧生长）

菌丝体（由菌丝组成的，真菌吸取营养的部分）

菌物学家（学习真菌知识的人）

食菌人（喜欢吃菌的人）

菌类爱好者（爱好菌类的人）

菌根菌（菌丝体与植物的根部共生）

寄生的（从活的生物体中吸取营养）

包被（外皮，孢子囊的外壁）

多孔菌（真菌的菌盖下部有菌管，紧贴菌肉，产生很多孢子）

菌孔（牛肝菌和多孔菌菌管的管口）

菌孔的（含菌孔的）

网纹（牛肝菌菌柄处的网状结构）

根状体（菌丝体中的根状或丝状的结构）

腐生的（从死亡的有机体中吸取营养的）

菌环（菌纱的残余部分，环绕菌柄）

粗糙的（菌表面粗糙的）

无柄的（没有柄的）

波状的（菌褶向菌柄弯曲）

卵（为了培育蘑菇而人工产生的菌丝体）

孢子（真菌的生殖细胞）

菌柄（支持菌盖的菌柄）

共生（与特定树木一起生长）

菌管（海绵状的产生孢子的部分，如牛肝菌）

突起（很多伞菌菌盖上的突起部分）

菌纱（包裹菌盖或菌柄的膜，如鹅膏菌上就有菌纱）

潮湿的（含有较多的水分）

菌托（菌纱的残余，呈杯状，环绕于菌柄基部，如鹅膏菌）

推荐读物

[1] 安斯沃思. 真菌历史简介 [M].Cambridge University Press，1976.

[2] 达利娜·艾伦. 爱尔兰美食节 [M].Kyle Cathie，1992.

[3] 戴维·奥若拉. 蘑菇解谜 [M].Ten Speed Press，1979.

[4] 布莱特曼. 牛津大学无花植物 [M]. Peerage Books，1966.

[5] 雷纳托·布鲁兹. 撒丁岛真菌指南 [M]. Editrice Archivio Fotografico Sardo，1988.

[6] 布鲁诺·切托. 真实的真菌世界 [M].Arti Grafiche Saturnia–Trento，1970.

[7] 昌和海斯. 食用菌生物学和人工培育 [M].Academic Press，1978.

[8] 昌和米尔斯. 食用菌及其培育 [M].CRC Press，1989.

[9] 海因兹·丹克勒. 真菌书 [M].Heyne Verlag，1982.

[10] 科林·迪金森和约翰·卢卡斯. 菌菇彩图词典 [M].Orbis,1982.

[11] 曼弗雷德·恩德勒和汉斯·劳克斯. 木腐菌 [M].Kosmos,1980.

[12] 路易斯·弗里德曼. 野生蘑菇食谱 [M]. Aris Books，1988.

[13] 萨拉·安·弗里德曼. 野生蘑菇聚会——探索真菌世界 [M].Dodd, Mead & Co.，1986.

[14] 戈恩韦德娜. 真菌 [M].GU Compass，1993.

[15] 简·格里戈森. 蘑菇宴 [M].Michael Joseph，1975.

[16] 汉斯·沃斯. 多彩的菌菇世界 [M]. Politiken Forlag，1973.

[17] 卯晓岚. 药用真菌图鉴 [M].Science Press，1987.

[18] 小宫山胜二. 蘑菇 [M].Nagaoko Shoten, Tokyo, 2002.

[19] 克拉舍宁科夫. 俄罗斯食谱 [M].Mir Publishers,1978.

[20] 朗格. 蘑菇大全 [M].BLV Verlags–Gesellschaft, 1982.

[21] 汉斯·劳克斯. 食用菌和毒菌 [M]. Kosmos，1985.

[22] 加林·林德. 好蘑菇 [M].Bokförlaget Semic，1983.

[23] 吉色拉·洛克沃德. 好吃的蘑菇菜 [M]. IHW Verlag，，1999.

[24] 马塞尔·洛钦和本·科琴. 食用菌和毒菌 [M].Fernand Nathan.

[25] 里卡尔多·马扎. 真菌 [M].Manuali Somzogno，1994.

[26] 奥尔森·米勒. 北美真菌 [M].E.P. Dutton，1978.

[27] 罗杰·菲利普. 大不列颠和欧洲的真菌 [M].Pan Books，1981.

[28] 埃米尔·莱姆斯. 美味的蘑菇糕点 [M]. BLV VerlagsGesellschaft,1982.

[29] 罗兰德·萨巴提埃. 真菌大全 [M]. Gallimard Editions,1987.

[30] 保罗·史塔曼兹. 食用菌和药用菌的种植 [M].Ten Speed Press, 1993.

索　引

（斜体页码表示插图位置）

特别鸣谢

感谢阿利森·卡西帮助我出版此书、感谢阿拉斯泰尔·汉迪帮助拍照、感谢苏珊·弗莱明做的大量的编辑工作、感谢普莉希拉的耐心、感谢凯特·弗莱帮助我做菜、感谢吉赛尔·科迪理解我的英语。我还要感谢娣太太、杉浦由纪、野生菌的大丰收、内田美穗和内田美智也、休·欧文斯、简·欧·沙、希拉里·曼德尔斯堡、玛丽·埃文斯、蒂姆·里夫塞、汉斯·保曼、吉欧塞普、蒂姆·尼特、蒂姆·卫斯理、德鲁·麦克波森、罗杰·菲利普斯、弗拉维欧·贾克莱多、恩佐·扎卡里尼、恩佐·贝特利、苏米尔·萨拉白、罗曼·毛罗、戴安娜·贝特曼和蒂姆·贝特曼、塔尔图弗朗哥、多米尼克·巴尔图鲁索、罗斯·爱丽丝、教授罗伊·瓦特林（观察真菌）、戈洛塞普·穆罗、康斯坦萨、及马雷斯、蘑菇研究所（www.mushroom-uk.com）、皮利亚·保罗、娜塔莎·吉尔考因（写了《法国花园》和《肯特下蘑菇》）、肯·霍姆、达利娜·艾伦、安德烈·卡瓦列、阿萨米·萨拉白、戴维·托马斯、保罗·马苏达。

照片拍摄者

1—8页：阿拉斯泰尔·汉迪，10页：罗杰·菲利普斯，11页上：戴维·托马斯，11页下：罗杰·菲利普斯，12页：罗杰·菲利普斯，13页：阿拉斯泰尔·汉迪，14页：罗杰·菲利普斯，15页上左：罗杰·菲利普斯，15页下左：戴维·托马斯，15页上右：戴维·托马斯，16页：罗杰·菲利普斯，17页上：菲力克斯·拉布哈特、布鲁斯·科尔曼，17页下：罗杰·菲利普斯，18页：阿拉斯泰尔·汉迪，19页左：罗杰·菲利普斯，19页右：罗杰·菲利普斯，19页下右：戴维·托马斯，20页：戴维·托马斯，21页：罗杰·菲利普斯，22页上：戴维·托马斯，22页下：罗杰·菲利普斯，23页上：戴维·托马斯，23页下：罗杰·菲利普斯，24页：罗杰·菲利普斯，25—26页：阿拉斯泰尔·汉迪，27页：罗杰·菲利普斯，28页：罗杰·菲利普斯，29页上：阿拉斯泰尔·汉迪，30页：罗杰·菲利普斯，31页：罗杰·菲利普斯，32页：罗杰·菲利普斯，

33页：阿拉斯泰尔·汉迪，34页：阿拉斯泰尔·汉迪，35页：罗杰·菲利普斯，36页上：罗杰·菲利普斯，36页下：戴维·托马斯，37页：阿拉斯泰尔·汉迪，38页上：戴维·托马斯，39页上右：罗杰·菲利普斯，39页下：戴维·托马斯，40页上左：罗杰·菲利普斯，40页上右：罗杰·菲利普斯，40页下：戴维·托马斯，41页左：阿拉斯泰尔·汉迪，41页上：罗杰·菲利普斯，42页：罗杰·菲利普斯，43页上：罗杰·菲利普斯，43页下：戴维·托马斯，44页：罗杰·菲利普斯，45页：阿拉斯泰尔·汉迪，46页上：阿拉斯泰尔·汉迪，46页下：阿拉斯泰尔·汉迪，47页：罗杰·菲利普斯，48页上：罗杰·菲利普斯，48页下：戴维·托马斯，49页：阿拉斯泰尔·汉迪，50页：戴维·托马斯，51页上：阿拉斯泰尔·汉迪，52页上：阿拉斯泰尔·汉迪，52页下：阿拉斯泰尔·汉迪，53页上：戴维·托马斯，53页下：罗杰·菲利普斯，54页：罗杰·菲利普斯，55页：阿拉斯泰尔·汉迪，56页左：汉斯·赖恩阿尔德、布鲁斯·考尔曼，56页右：罗杰·菲利普斯，57页上右：戴维·托马斯，57页上左、下左：罗杰·菲利普斯，58页：阿拉斯泰尔·汉迪，59页上左、上右：罗杰·菲利普斯，59页下：戴维·托马斯，60页：罗杰·菲利普斯，61页：罗杰·菲利普斯，62页：阿拉斯泰尔·汉迪，63页上：阿拉斯泰尔·汉迪，63页下：罗杰·菲利普斯，65页：罗杰·菲利普斯，66页：阿拉斯泰尔·汉迪，68页：罗杰·菲利普斯，69页：阿拉斯泰尔·汉迪，70页：阿拉斯泰尔·汉迪，72页：阿拉斯泰尔·汉迪，73页左：罗杰·菲利普斯，73页右：阿拉斯泰尔·汉迪，74页：阿拉斯泰尔·汉迪，75页：保罗·马苏达博士，76页：阿拉斯泰尔·汉迪，77页：阿拉斯泰尔·汉迪，78页：阿拉斯泰尔·汉迪，79页：阿拉斯泰尔·汉迪，80页：阿拉斯泰尔·汉迪，81页上：蘑菇美食家网站（www.14u.co.nz.），81页下：阿拉斯泰尔·汉迪。

其余照片均由阿拉斯泰尔·汉迪拍摄。

缘　分

缘分是个奇妙的存在。看似偶然所遇，却"必然"开启一段新的人生。

2013 年 1 月 6 日下午，在上海市黄浦区瑞金街道党工委组织的"心愿"活动中，我结识了特殊的一家子：儿子姚武斌患有脑瘫，其父母也都患有不同程度的残疾。当时，斌斌还在开放大学攻读大专，从初识的寥寥数语里，一个脑瘫青年对英语钻研的执着和要当翻译的梦想，一下子打动了曾经当过教师、从国外游历归来的我。"斌斌，我帮你，做你第二个妈妈！"从那天起，我开始践行这句承诺，这条路至今走了七年，往后还将继续走下去。

我是个十足的"菌物狂"。沪滇合作的一次机缘，让我涉足菌物领域，开展研究和市场探索已有十九个年头。记得当年由云南省有关部门举办的一场"松茸总统宴"的诱惑，使得我毫不犹豫地告别资本市场而奔向大自然的诗和远方，投身于菌物的奇妙世界。

菌物，一个十分庞大的生物类群，属于和动物、植物并列于自然领域的生物三界之一。一位美国学者曾经在演讲中提到，菌丝是地球天然的互联网，电脑互联网的创立者一定精通生物学。事实上，无处不在的菌物与人类的生活密不可分，可以说，人类与菌物须臾不可离。即便如此，很少有人知道菌物无比神奇的能力。我们日常吃到的野蘑菇和许许多多的相关食品，我们生病时使用的许多药品，我们所吃的奶酪和所喝的美酒，这一切统统与菌物有关。很难想象，如果没有菌物，大自然会变得怎样，而我们生活又会变得怎样！

全世界菌物的种类，据估计约有 150 万种，至今已被描述的只有 6.9 万种。科学家们研究菌物，就像医生研究人体一样，分门别类，非常精细，许多科学家穷经皓首，只为一种蘑菇而征战。而我的研究兴趣在于怎么吃出野生食用菌的文化，它们都属于大型真菌，在生活中通常被称作蘑菇。我自从涉足野生食用菌领域，就一直好奇它们从哪里来？为什么如此憨香美妙？为什么在世界各地被视作高级食材？而为什么中国人对此不甚了解？

我要探索！我要解密！

于是，我开始了漫长的文献查找与原野

考察之路，奔走于许多国家的山林深处，无数次与山民、专家展开关于野蘑菇的对话。一路走来，我从一个"好事者"走向了世界菌物学的科学殿堂。2018年圣诞节前我捧回了"第九届世界菌物学与产品大会"的演讲证书。

在我博览群书的过程中，英国菌物学家安东尼奥·卡卢西奥先生的原著《Complete Mushroom Book》，让我爱不释手，每每翻阅，都会被书里的内容深深吸引。这本书是我儿子梓淇从英国带给我的礼物。

与斌斌结识后，为帮助斌斌圆翻译梦，我与两个儿子携手奔向新的目标。

在斌斌当翻译的艰难跋涉中，母子仨一路不停地切磋、交流和鼓励。

七年里，斌斌始终表现出顽强的意志和进取心；我和儿子梓淇呢，也倾情相助，不弃不离，我们三个成为攻坚克难的小分队。迄今，斌斌共计翻译了8本菌物学书籍，因为种种不可逾越的原因，我们并没有奢望可以出书，初心只是想让斌斌学以致用，在翻译上练练手。其间，斌斌又在开放大学选读商务英语本科，并于2017年完成学业。

奇缘在不断扩展。2018年初，通过一位资深人力资源专家引荐，我结识了上海市残疾人联合会和上海市残疾人福利基金会的领导们，并汇报了姚武斌的事迹，我们的共识是，要帮助推动斌斌实现翻译梦。

之后的一年多，上海市残疾人联合会和上海市残疾人福利基金会共同牵头做了调研、选书、翻译、讨论、整合等大量事务，在国内国外以及上海北京间忙碌起来。根据计划，拟在2019年付梓，将《Complete Mushroom Book》中文版《蘑菇园》奉献给读者。

意外的是，在我们将要出书的时候，惊悉《Complete Mushroom Book》的作者安东尼奥·卡卢西奥不幸离世，悲痛之际，我们更加珍惜这本著作，也更加坚定我们出书的决心。

《Complete Mushroom Book》（中文版《蘑菇园》）一书，是将菌类的神奇世界和菌类的美妙生活体验融于一体的科普读物，也是安东尼奥·卡卢西奥先生一生中的代表作之一。从1980年代以来，几十年时间里，卡卢西奥先生出版过二十几本书。他还做过电视节目主持人，拍摄过热播的六集纪实片《馋嘴意大利》，在英国有知名的连锁餐厅和咖啡店，被誉为"世界菌王"；他在英国还被称为"意大利美食教父"，被英国女王授予"大英帝国勋章"。

得益于以上种种缘分，《Complete Mushroom Book》的中文版《蘑菇园》终得出版了，它不仅使斌斌朝着当翻译的目标跨出了重要一步，同时也将在华语世界有力、有趣地推动食用菌的科普宣传，让更多的国人和消费者了解菌的世界、菌的奇妙、菌的美食以及菌能带来的健康文化，也会为中国野生菌相关行业、机构以及许多家庭带来惊喜！

当然，它对当下"沪滇合作与扶贫"，也将有所推动。

特别要感谢上海市残疾人联合会和上海市残疾人福利基金会多次专程看望斌斌，鼓励斌斌出书，并给予项目巨大的推动和筹资；感谢上海和凝人力资源管理有限公司、上海美格泰智能技术有限公司的资助；感谢上海农科院、

上海外国语大学领导们的亲切指导，以及其他为项目提供帮助的专家、学者和公益机构。

2019 年 2 月 16 日于
上海雁荡路"范凡菌文化工作室"

后 记

斌斌，大名姚武斌，是一个脑瘫患者，今年 26 岁，出生时因早产，放在暖箱里，窒息缺氧导致脑瘫，四肢畸形，终日与轮椅相伴。但他身残志坚，从小酷爱英语，并以惊人的毅力和骄人的成绩读完高中。

心怀大学梦、翻译梦的斌斌，因父亲突然身患中风不能再护送他上学，不得不放弃高考。自父亲患病后，全家三口中没有一个人是完全健全的，母亲因小儿麻痹后遗症，也出行不便。面对如此艰难的困境，意志坚强的斌斌没有气馁，而毅然选择在开放大学的求学之路。

很偶然，在上海市黄浦区瑞金街道党工委组织的"心愿"活动中，斌斌结识了他的又一位妈妈——范凡。这是一位从国外游学多年归来的女企业家，她曾经做过十几年教师，后来转而钻研菌类学，在菌类文化研究以及菌产业开拓方面均有不俗的成就。范凡结识斌斌后，怀着大爱之心，在创业忙碌之余主动担当斌斌一家的各项救助，她一个人承担了"110""120"等职能，几乎随叫随到，无论斌

斌及他们一家遇到学习障碍、生活困难，还是心灵郁结或意志消沉，范妈妈总是热情满满，及时给予援助或抚慰。一晃，已坚持了七个春秋。

为了鼓励斌斌继续自己的翻译梦想，细心的范妈妈从儿子在英国留学期间帮她购买的一堆英文图书中，挑选了名叫《Complete Mushroom Book》(《蘑菇园》) 的作品，作者安东尼奥·卡卢西奥是著名的意大利烹饪作家，该书讲述了野生菌的历史文化以及与野生菌相关的深山采摘、初级加工、烹制等知识，读来生动有趣，还展现了作者的人生故事和匠人精神，范妈妈觉得它对斌斌"有用"。

起初，范妈妈只想让斌斌凭借这本书翻译"练练手"，巩固翻译志趣，并没有想过公开出版。她也花了大量时间陪同斌斌阅读、翻译，当将《蘑菇园》翻阅无数遍后，她发现斌斌的译稿是趣味盎然的，而且他不知不觉中已经完成了八篇"英译中"。2017 年，斌斌从上海开放大学毕业了，除了毕业文凭，还拿到了一堆证书，其中包括"中级口译翻译"证书、"上

海自强模范"证书等等。范妈妈呢，由于她对斌斌的悉心照料和精神激励，被授予"上海市三八红旗手"。也正是这一年，范妈妈与斌斌产生了出版《蘑菇园》一书的愿望。

上海市残疾人联合会和本会得知"斌斌出书"的意愿后，给予斌斌热情鼓励，还召集社会爱心人士相继伸出援助之手：云部落带着旗下公益组织——益部落来了，为斌斌出版《蘑菇园》一书出谋划策，衔接和协调华夏出版社，并全程跟进图书的出版上市；华夏出版社编辑专程来到上海商议、论证出版事宜；上海农科院帮助落实译稿中有关菌类专业知识的精准性；上海外国语大学帮助协调审核译稿质量；有关国际间的版权合作问题、各种法律文件的拟定、印刷筹资，等等，各项繁琐工作，也都在上海市残疾人联合会和本会的关心下，——紧锣密鼓地予以了落实。

如今，我们高兴地看到，"斌斌出书"美梦成真了！

《蘑菇园》译作的出版发行，对于一个脑瘫儿实属不易，它既是对斌斌以及其家人的极大鼓励和肯定；也是对许许多多像斌斌这类特殊人才自强不息、奋力拼搏的精神激励。

我们还相信，读者朋友们通过阅读《蘑菇园》，不仅能获得丰富生动的科普知识和烹饪技巧，也会享受到由菌类文化、菌类美食带来的美妙感受。毕竟，野生菌是地球上堪称稀有的珍贵食材，懂得科学、适度去取用，将有助于提高我们的生活质量乃至生命质量。

最后，向为此书作出贡献的专家、学者、企业家等，致以崇高的敬意和深深的感谢！

上海市残疾人福利基金会

2019 年 3 月

图书在版编目（CIP）数据

蘑菇园 /（意）安东尼奥·卡卢西奥著；姚武斌译. —北京：华夏出版社，2019.6

书名原文：Complete Mushroom Book

ISBN　978-7-5080-9730-5

Ⅰ.①蘑…　Ⅱ.①安…②姚…　Ⅲ.①蘑菇–菜谱　Ⅳ.① TS972.123

中国版本图书馆 CIP 数据核字 (2019) 第 063762 号

Complete Mushroom Book by Antonio Carluccio

Copyright © 2003 Antonio Carluccio

All rights reserved.

北京市版权局著作权合同登记号：图字 01–2019–1013 号

蘑菇园

作　　者	[意] 安东尼奥·卡卢西奥	版　　次	2019 年 6 月北京第 1 版
译　　者	姚武斌		2019 年 6 月北京第 1 次印刷
责任编辑	蔡姗姗　李春燕	开　　本	787×1092　1/16
美术设计	殷丽云	印　　张	14.75
责任印制	周　然	字　　数	373 千字
出版发行	华夏出版社	定　　价	108.00 元
经　　销	新华书店		
印　　刷	北京华宇信诺印刷有限公司		
装　　订	三河市少明印务有限公司		

华夏出版社 网址：www.hxph.com.cn 地址：北京市东直门外香河园北里 4 号　邮编：100028

若发现本版图书有印装质量问题，请与我社营销中心联系调换。电话：(010) 64663331 (转)